U0299091

中国地质科学院年报

2014

中国地质科学院　编

地质出版社

·北　京·

内 容 提 要

本书客观记录了中国地质科学院 2014 年度科技发展、代表性研究成果、重点实验室建设、国际合作交流、研究生培养教育及期刊出版等方面的情况，系统地展示了中国地质科学院 2014 年度主要成就。

本书可供从事地球科学研究、国土资源科技管理的工作人员及相关专业的高等学校师生参阅。

图书在版编目（CIP）数据

中国地质科学院年报.2014/ 中国地质科学院编.
— 北京：地质出版社，2015.10
ISBN 978-7-116-09455-0

Ⅰ.①中… Ⅱ.①中… Ⅲ.①地质学－研究－中国－
2014－年报 Ⅳ.① P5-54

中国版本图书馆 CIP 数据核字（2015）第 243739 号

Zhongguo Dizhi Kexueyuan Nianbao 2014

责任编辑：祁向雷　田　野
责任校对：韦海军
出版发行：地质出版社
社址邮编：北京海淀区学院路 31 号，100083
电　　话：(010) 66554528 (邮购部)；(010) 66554692 (编辑室)
网　　址：http://www.gph.com.cn
传　　真：(010) 66554686
印　　刷：北京地大天成印务有限公司
开　　本：889mm×1194mm　$^1/_{16}$
印　　张：8
字　　数：220 千字
版　　次：2015 年 10 月北京第 1 版
印　　次：2015 年 10 月北京第 1 次印刷
定　　价：68.00元
书　　号：ISBN 978-7-116-09455-0

序 言

2014 年，中国地质科学院深入贯彻党的十八大和十八届三中、四中全会精神，认真学习领会习近平总书记系列重要讲话精神，积极贯彻落实部、局党组的决策部署，全院干部职工求真务实、开拓创新、锐意进取，各项工作取得显著成绩。

一是科技发展平稳。全院承担各类科技项目 1193 项，总经费 10.62 亿元，其中国家科技项目经费 2.66 亿元、地质调查项目经费 7.37 亿元、横向项目经费 0.59 亿元。发表学术论文 1117 篇，包括第一作者 SCI 检索论文 371 篇、EI 检索论文 114 篇，出版专著 25 部，获国家发明专利 12 项、实用新型专利 44 项、外观设计专利 3 项、软件著作权登记 16 项。荣获国土资源科学技术一等奖 2 项、二等奖 4 项、其他省部级奖 4 项，获中国地质调查成果一等奖 4 项、二等奖 7 项。4 项成果入选中国地质调查局、中国地质科学院 2014 年度地质科技十大进展，2 项成果入选 2014 年度中国地质学会十大地质科技进展。

二是组织实施重大科技地调项目取得新进展。深部探测技术与实验研究专项（Sinoprobe）全面完成主要任务，"地壳一号"万米钻机在松科 2 井超深科学钻探工程正式开钻，"973"项目钾盐成矿理论与预测研究、富铁矿形成机理研究取得重要成果；"863"计划"深部矿产资源勘探技术"重大项目正式启动。成功开发新一代航空地球物理数据处理解释系统、独立供电偶极子地电化学测量技术，微区和非传统同位素分析精度达到国际同类实验室先进水平。负责组织实施地质矿产调查评价专项 2 大计划、12 个工程、40 个项目，落实大项目机制取得显著进展。获批国家自然科学基金项目 97 项，经费 6000 余万元，包括杰青 1 项、重点项目 5 项。

三是科技引领和支撑服务成绩显著。"油钾兼探"引领钾盐找矿取得突破性进展，创新发展叠生成矿理论、综合找矿模型及有效技术方法组合指导内蒙古哈达门沟金矿实现找矿重大突破，研究伟晶岩控矿因素、成矿规律与找矿方向引领四川甲基卡稀有金属矿产勘查实现重大突破。华北平原地下水污染调查及承载力适应性研究为京津冀一体化发展规划提供了重要依据，集成水土污染调查技术快速圈定区域地下水重金属铬超标污染范围，西南岩溶流域水文地质调查帮助解决 3 万余人的饮水及 1000 多头牲畜用水问题。积极推进"8+6"与"1+6"合作，与六大区地质调查中心推动资源共享、联合攻关；开展云南鲁甸地震次生地质灾害隐患排查。在云南盐津县开展地质遗迹调查评价、地质公园申报、地质灾害监测预警、防灾减灾培训等；积极推进与地勘单位、矿业企业科技合作，

中国地质调查局党组成员、中国地质科学院党委书记、副院长王小烈（右三），常务副院长、党委副书记朱立新（左三），副院长董树文（右二），副院长王瑞江（左二），纪委书记王洁（右一），副院长吴珍汉（左一）

搭建产学研用结合平台，促进科技成果转化。

四是人才队伍建设开创新局面。启动"李四光学者"引聘计划，3 名国际知名专家入选"李四光学者"，院基本科研业务费资助海外引进人才自主选题开展创新研究；曾令森研究员获国家杰出青年基金资助，李建华博士入选"香江学者计划"。加大科技人才举荐力度，李廷栋院士获何梁何利奖，陈毓川院士被授予国际矿床成因协会终身荣誉会员，裴荣富院士荣获第十届光华工程科技奖，卢耀如院士再获河北省院士特殊贡献奖；石建省研究员荣获"全国优秀科技工作者"称号，唐菊兴研究员荣获"全国民族团结进步模范个人"称号，刘敦一研究员获首届"汤森路透中国引文桂冠奖 — 高被引科学家奖"。组织评选第三届新华联科技奖，4 名专家获得杰出成就奖，9 名专家获得突出贡献奖。干部队伍建设明显加强，进一步增添了队伍活力。研究生培养和博士后管理工作进一步强化，取得了新成绩。

五是科技支撑体系建设进展顺利。京区科研实验基地建设取得新进展，落实建设用地 92 亩，建筑面积 7.55 万平方米，总投资约 7.2 亿元；联合国教科文组织国际岩溶研究中心桂林基地建设项目获国家发改委正式立项，物化探方法技术实验研究中心建设工程通过验收，广州岩溶塌陷地质灾害研究基地投入使用，厦门地质科研实验基地项目获厦门市发改委批准。大陆构造与动力学国家重点实验室顺利通过科技部组织的专家组现场考核和建设验收，成功召开了北京离子探针中心国家科技基础条件平台建设经验现场会，院属单位 8 个部重点实验室经综合评估均为优秀级，成矿作用与资源评价重点实验室正式申报国家重点实验室。国际合作交流持续推进，地质调查项目管理进一步规范，项目预算和资金管理全面加强，科技支撑综合体系建设进展顺利。

六是教育实践活动整改落实和党建精神文明建设取得实效。院党委扎实推进群众路线教育实践活动整改落实、整治铺张浪费，全面梳理和汇编各项规章制度，组织开展整改落实情况专项检查，各单位文件、简报和内部刊物的数量大幅减少，各类会议和"三公"经费支出显著下降，党风廉政建设取得新成效。积极开展城乡共建、扶贫帮困、青年联谊、院士讲堂、青年志愿服务、摄影展等系列活动，增强了队伍凝聚力。2014年院机关、地质所、测试中心被评为首都文明单位。有序组织开展百旺茉莉园、杏林湾商品房团购及八家嘉园、唐家岭新城、苏家坨公租房入住工作，解决职工住房449套，有效缓解了长期以来京区单位职工住房难问题。

2015年是全面完成"十二五"规划的收官之年，是全面深化改革、推进依法治国的关键之年，是实施创新驱动发展战略、推进科技体制改革的重要一年。我们将按照部局党组部署要求，推动地质科技创新、高层次人才培养、科研实验基地"三大工程"，创新发展地质科技；夯实地调科研融合、产学研用结合、国际合作交流"三个平台"，提升支撑服务能力；强化管理和服务体系、干部队伍、党风廉政、党建和精神文明"四个建设"，保障各项事业健康发展。通过全院干部职工的扎实工作，显著提升地质科技创新能力和支撑服务水平，为经济社会发展做出新的更大贡献！

中国地质调查局党组成员、中国地质科学院党委书记、副院长（主持工作）

常务副院长、党委副书记

副院长

副院长

纪委书记

副院长

目录 Contents

改革发展

认真谋划科技创新试点

认真学习领会习近平总书记在中央财经领导小组会议、两院院士大会、视察中国科学院、批示"率先行动"实施方案等不同场合对科技创新提出的新思想、新论断、新要求，以及部、局领导关于科技创新一系列重要讲话精神，贯彻落实国家关于科技创新的重要决策部署，推动院科技创新发展大局和中心工作。全院把学习贯彻领导重要讲话精神作为一段时期工作的重要任务，准确把握对科技创新工作的新部署和新要求，强化对科技创新各项政策的落实力度，积极营造科技创新氛围，推动各项配套政策措施进一步完善，为科技创新提供有力保障。

2014 年 6 月 30 日，召开院科技创新试点暨李四光学者引聘工作座谈会

▌精心组织重点活动

一是接待国土资源部党组成员、中央纪委驻部纪检组组长赵凤桐到院调研并与院领导班子座谈，提出要加大力度培养和引进人才，要认真学习贯彻中央八项规定和党风廉政建设的各项要求，要创新体制机制充分调动科研人员主动作为的积极性和创造力。二是评选第三届地科院新华联科技奖，表彰了4位杰出成就奖和9位突出贡献奖获得者。三是评选出中国地质调查局中国地质科学院2014年度地质科技十大进展。

▌积极推动科研与地调深度融合

系统收集整理国家科技体制改革和兄弟单位机构改革的相关信息，先后赴中科院、农科院、林科院、计量科学院、水利水电科学院进行调研，组织召开了院所长、院士专家、中青年骨干座谈会，谋划科技创新试点、落实创新驱动发展战略。按照中国地质调查局党组要求，积极推进"8+6"、"1+6"合作，组织召开了院属8个单位与六大区地质调查中心负责人联席会议，院领导带队分组前往六大地调中心调研座谈，研究落实措施、搭建合作平台，推动中国地质科学院所属单位上地质调查主战场、六大区地质调查中心上科技创新主战场，促进调查与研究一体化。

2014年12月15日，组织召开中国地质调查局"8+6"、"1+6"合作座谈会

产学研用结合方面迈出新步伐

一是积极推动科技合作和成果转化。先后与亿阳集团股份有限公司、西南能矿集团分别签订战略合作框架协议，联合西南能矿集团联合共建院士工作站与博士后工作站，联合中国地质大学（武汉）共同研发引进多功能大压机。院与贵州地勘局、宁夏地勘局、浙江地勘局、中石油等达成科技合作意向，围绕科技成果转化、全球矿产资源信息共享、尾矿综合利用、地质找矿突破等领域开展合作。二是开展科技攻关。联合西南能矿集团成功申报锰矿资源综合利用技术研发项目，组织专家赴黔西南和浙江丽水开展金多金属找矿科技攻关。

2014 年 7 月 7 日，中国地质科学院与西南能矿集团签约联合共建院士和博士后工作站

对口扶贫工作进展顺利

2013 年，云南省昭通市盐津县被国土资源部确立为中国地质科学院基层扶贫联系点。2014 年，院领导多次带队赴云南延津开展调研，通过野外实地调查和座谈，准确掌握了扶贫联系点的困难和实际需求，结合学科人才优势提出了重点开展扶贫点地质灾害排查、地质公园规划和地质遗迹保护等意见与建议，组织优势力量，积极推动盐津县申报省级地质公园；重点开展扶贫点地质灾害和地质景观调查，争取多方支持，成功申报并实施了 2 个地质调查项目，分别为"盐津地区地质灾害调查"和"乌蒙山云南昭通地区典型地质景观调查"（2014 ~ 2015 年，2014 年经费 200 万元）。

2 人员结构与经济状况

人员结构

　　中国地质科学院人员编制数为2753人（其中非营利性科研机构编制1000人）。2014年末，全院职工总数3628人，包括在职职工1932人，离退休职工1696人；在职职工中具有本科以上学位的1402人，硕士以上学位的1114人。在职职工中专业技术人员1493人，其中院士13人，研究员及教授级高工310人，副研究员及高级工程师321人，中级职称559人，初级职称284人；博士545人、硕士478人、本科319人，大专及以下151人。形成了以博士和硕士为主体、创新能力强、高层次人才密集的地质科技队伍。

　　在职职工中，34人享受政府特殊津贴，6人获得过国家级有突出贡献的中青年专家称号；5人获得过国家自然科学杰出青年基金资助；有国家中青年科技创新领军人才1人，第五批国家"青年千人计划"人选1人，"百千万人才工程"国家级人选13人。入选"国土资源部百名科技创新人才"27人，国土资源科技领军人才开发和培育计划11人、国土资源杰出青年科技人才培养计划13人、国土资源科技创新团队培育计划9个，地调局高层次人才培养计划8人、青年地质英才计划29人。全院27人在国际学术组织任职。

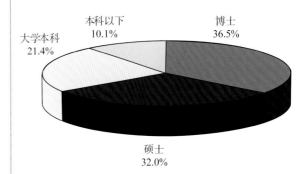

专业技术人员学历结构分布图

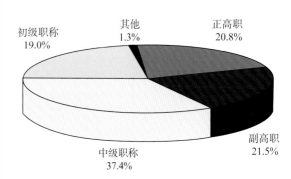

专业技术人员职称结构分布图

经济状况

2014 年，全院实现总收入 21.46 亿元，比 2013 年增长 16.82%，其中：财政拨款收入 18.11 亿元，事业费收入 2.77 亿元，经营收入 556.22 万元，其他收入 5322.88 万元。修缮购置专项资金 7760 万元，主要用于仪器设备购置与升级改造、基础设施改造等；新购置 50 万元以上大型仪器设备 28 台套，总价值 7289.74 万元。资产总额 27.3 亿元，其中固定资产 15.03 亿元。采取指导督促等措施提高预算执行率，全年财政资金总支出 16.70 亿元，财政资金国库预算执行率 83.47%。

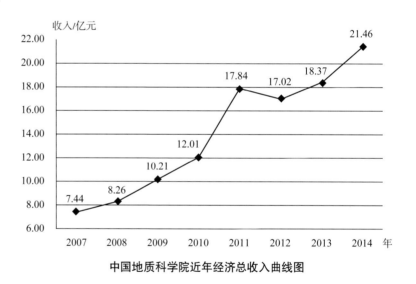

中国地质科学院近年经济总收入曲线图

3 院属科研机构及年度重要成果

中国地质科学院院部

中国地质科学院院部设有办公室、科学技术处、地质调查处、实验管理处、经济管理处、国际合作处、组织人事处（安全生产处）、计划财务处、党群工作处、监察审计处、基建处（基地办）、研究生部等12个职能处室，信息中心、京区离退休职工管理中心、京区后勤服务中心等3个中心，国家地质公园网络中心、深部探测研究中心、青藏高原研究室等3个业务部门。

国际地质科学联合会秘书处、中国国际地球科学计划全国委员会秘书处、世界数据中心中国地质学科数据中心、国际地质科学联合会地质遗产北京办公室等国际地学组织与相关机构，中国地质学会、李四光地质科学奖基金会、全国地层委员会等办事机构，国土资源部重点实验室和野外科学观测研究基地办公室挂靠在中国地质科学院。

2014年末，院部职工总数433人，包括在职168人，离退休265人；在职职工中具有本科以上学位的112人，硕士以上学位的60人；在职职工中专业技术人员81人，其中院士2人，研究员及教授级高工12人，副研究员及高级工程师20人，中级职称22人，初级职称25人；具有博士学位的17人、硕士学位的26人、本科28人、大专及以下10人。

年度重要科研成果

深部探测技术与实验研究专项（Sinoprobe）完成第一阶段（2008～2012年）任务。专项完成了第一阶段49个课题的结题验收，并召开专项领导小组第五次会议。在《Tectonophysics》、《岩石学报》、《地质学报》等国内知名杂志出版深部探测专项成果专辑，在《地学前缘》发表题为"深部探测揭示中国地壳结构、深部过程与成矿作用背景"的专项成果总结文

《科学新闻》杂志出版了"深部探测技术与实验研究"专项"入地中国梦"特刊

"地壳一号"万米钻机模型

甘肃柳园月球实验场和 Apollo14 号月表情况对比（非常接近，且已经确定该实验场点）

章。专项已与科学出版社协商并签订合同，计划由科学出版社出版《中国深部探测系列专著》丛书，共 12 本专著，全面反映专项成果。专项已发表论文 1030 篇，其中国际 SCI 检索论文 240 篇、国内 SCI 检索论文 212 篇、EI 检索论文 68 篇；出版专著 8 部；申请和获准专利 121 项，其中发明专利 49 项、实用新型专利 34 项，软件著作权 30 项，外观设计专利 6 项，标准 2 项。深部专项 5000 吨大压机项目进展顺利，进入委托研制阶段。专项在第一届中国地球科学联合学术年会（2014 年 10 月 20 ~ 23 日）召开之际，组织了专项专场报告会和 5 个分会场的专题报告会，取得较好反响。根据数据共享方案，2014 年底提前释放了第一批探测数据，拟通过会员分级制度共享专项探测数据。松辽盆地科学钻探工程（CCSD-SK）正式开钻，SinoProbe 专项研制的"地壳一号"万米钻机运转正常。

"地外重点地区遥感资料应用研究"和"月球和火星实验场建立和对比研究"取得进展。 建立月表三大岩类形成年龄和月海玄武岩单元划分图，并利用撞击坑确定月表相对年龄；处理和解算 GRAIL 数据建立 120 阶次月球重力场特征，建立月球布格重力场；开展月球微型钻机的改进，最终提交改进版样机；提取嫦娥二号伽马能谱数据处理和元素，获取天然放射性元素 U，Th，K 含量全月分布图；选定了甘肃柳园和河北汉诺坝的玄武岩地区作为月球实验场的选址；开展火星盐类环境类比及天体生物学研究，获得柴达木盆地盐湖演化过程及基于微生物进化过程的协同规律。

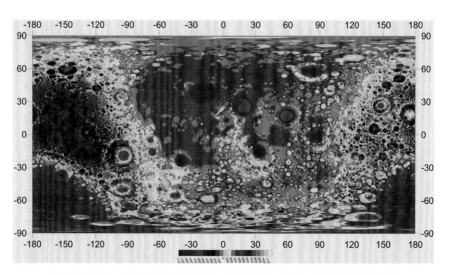

利用 LRO 地形数据和 GRAIL 自由空气重力异常计算得到的 0.25 度网格（330 阶次，精度 16 千米）月球布格重力异常图

全国陆相地层划分对比及海相地层阶完善。中国杜内阶新亚阶取得重要进展，并成为竞争国际杜内阶中间界限层型的潜在剖面；在蓟县中 — 新元古界标准剖面铁岭组和雾迷山组首次发现斑脱岩，并测得其锆石 SHRIMP U -Pb 同位素年龄约 1440Ma [（1439±14）Ma] 和约 1485 Ma [（1483±13）Ma 和（1487±16）Ma]，标志着这条传统的标准剖面上以碳酸盐岩为主体的沉积序列蓟县系上部的两个重要地层单位，从此也获得了直接的、高精度的锆石 U-Pb 同位素年龄约束。

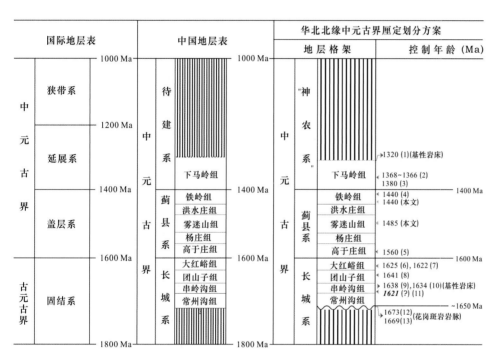

重新厘定的华北北缘中元古界地层划分方案

中国地质科学院地质研究所

截至 2014 年底，全所共有职工 461 人，其中在职职工 249 人、离休人员 14 人、退休人员 198 人。在职职工中，管理人员 30 人，专业技术人员 215 人，工勤人员 4 人。专业技术人员中，两院院士 5 人，研究员及教授级高工 70 人，副研究员及高级工程师 52 人，中级职称及以下 88 人。在职职工中具有博士学位的 158 人、硕士学位的 31 人，本科 37 人，大专及以下 23 人。内设 5 个职能处室、11 个专业研究室；有 1 个国家重点实验室、1 个国家级科技基础条件平台、3 个部级重点实验室。全国地质编图委员会、中国地质调查局地层与古生物中心、《岩石矿物学杂志》和 7 个学术机构挂靠在地质所。

以第一作者公开发表论文 273 篇，其中 SCI、EI 检索论文 194 篇（其中国际 SCI 论文 121 篇），核心期刊论文 79 篇。出版大型图册 / 图件 1 套，专著 5 部，取得专利 7 项。国内引用率列全国科研机构第 14 位。获北京市科学技术一等奖 1 项，国土资源科学技术一等奖 1 项（排名第 2），中国地质调查局、中国地质科学院 2014 年度地质科技十大进展 2 项。

领导班子由 4 人组成，所长、党委副书记侯增谦，党委书记、副所长何长虹，副所长高锦曦、卢民杰。

所长、党委副书记侯增谦（右二），党委书记、副所长何长虹（左二），副所长高锦曦（右一），
副所长卢民杰（左一）

年度重要科研成果

编制完成一系列重要图件。编制完成 1:250 万月球地质图、1:300 万《中国及邻区地质图》、1:500 万中国变质地质图、中国西部蛇绿岩构造图、1:500 万中国大地构造与含油气盆地分布图及中国油气大区与主要含油气盆地图等，其中部分图件已经出版；承担新一代《中国区域地质志》的编制，完成了 11 个省（区）地质志；参与"全球地质一张图·中国"(One Geology China) 开发与建设，获得地理信息科技进步二等奖。

前寒武及变质作用研究进展突出。首次在华北克拉通划分出三个 2.6 Ga 前的古陆块；厘定胶北地体陆壳生长、重大地质事件与重大岩浆事件序列；提出华北克拉通双向俯冲折返模式；古元古代 Columina 聚合事件、中元古代裂解事件的研究，对全球 Columbia 超级大陆边缘古 — 中元古代向外增生 — 裂解历史的对比研究及 Columbia 超大陆重建具有重要科学意义。

重要造山带及构造研究取得系列成果。提出新的定义和分类方案，对中国大陆显生宙大型变形构造和变形系统进行了划分，并据此对中国大陆显生宙不同地质时期的地球动力学环境进行了重建；首次提出高喜马拉雅热碰撞造山带的新的 3D 挤出模式；发现北东帕米尔的古特提斯弧根构造；提出了印度 / 亚洲俯冲碰撞的两种可能的模式"空间差异性俯冲碰撞模式"和"时间差异性俯冲碰撞模式"；确定了新元古代时期华南在 Rodinia 超大陆中的位置，推测在华夏南缘存在一条"隐没了的"Grenville 期造山带；构建了华北北缘古生代构造演化模型；确定阿拉善地块在早古生代是一个位于东冈瓦纳大陆北缘的地块，与华北地块最终拼合时代为晚泥盆世。

地层古生物研究有多项发现。提出"全球中元古界底界年龄值 1700 百万年"的方案建议；建立了目前全球最为完整的单剖面埃迪卡系碳同位素变化曲线及疑源类生物地层，初步提出埃迪卡拉纪年代地层划分方案；贵州铜仁首次发现圆盘状完整的似 Kulingia 碳膜化石；通过牙形石研究在革吉县文布当桑发现二叠系 — 三叠系界线剖面；汝阳巨型蜥脚类恐龙动物群，填补

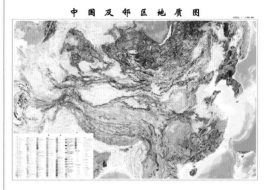

新版 1:300 万《中国及邻区地质图》

参与的"全球地质一张图·中国"(One Geology China) 开发与建设获地理信息科技进步二等奖

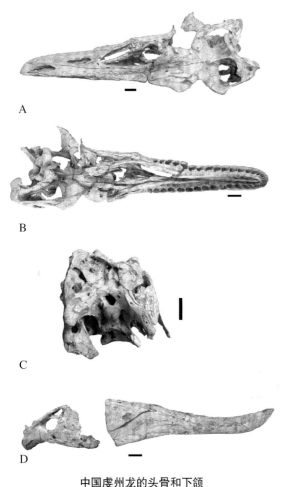

A

B

C

D

中国虔州龙的头骨和下颌

了我国同期恐龙动物群的空白；河南南阳淅川县发现恐龙蛋化石群，对研究恐龙的生殖行为，生活习性具有重要的意义；江西赣州发现霸王龙类新属种——中国虔州龙；热河生物群发现今鸟类新种——甄氏甘肃鸟；发现最古老的史前爬行动物产后亲代抚育行为化石记录。

地球物理及深部探测获得重要进展。揭示出青藏高原边缘山脉与外围克拉通岩石圈（地壳与地幔）构造转换深部过程，获得华北克拉通向青藏高原东北缘楔入的岩石圈地幔行为的地震学证据；获得青藏高原腹地巨厚地壳莫霍面，对羌塘地体的地壳结构给出新的约束；龙门山剖面研究认为青藏高原东缘大型走滑断裂限制了地壳逆冲作用；揭示了古亚洲洋沿索伦缝合带关闭、陆陆碰撞和碰撞后地壳增生深部过程；发现华南大陆东南缘存在薄岩石圈(60～70千米)的地震学证据。

同位素技术应用及标准物质研究有新进展。(U-Th)/He低温热年代学技术在含油气盆地应用研究中取得重要进展；研制了玄武岩钛同位素标准物质、多种钕同位素标准物质，通过了国家一级标准物质评审；首次运用新兴的铁、镁同位素技术对矿化元素本身和赋矿层的主量元素进行了直接示踪。

沉积盆地与资源能源研究服务找矿取得突破。国内首次开展水合物三维地震探测，钻探结果与预测结果一致；开展了地质、测井、地球物理三位一体的系统研究，为云南勐野井地区固相钾盐矿床及青海柴达木盆地液态卤水地球物理预测奠定扎实基础；建立松辽盆地嫩一段的有机质保存模式和嫩二段的生物生产力模式；提出利用统计类比法评价大型坳陷盆地油页岩潜在资源；开展了冀西北晚中生代陆相盆地的地质调查填图。

岩石矿物学研究成果在学术界影响巨大。原位金刚石发表，获得好评并被国际上写入野外手册；在全球6个蛇绿岩带中发现金刚石、碳硅石、柯石英等深部矿物，认为是蛇绿岩大洋地幔橄榄岩的一个普遍现象，需重新审视大洋地幔的物质成分和地幔的运动等经典概念；金刚石中发现新类型超高压矿物，实验岩石学表明，这些超高压矿物来自下地幔深度。这些发现对传统理论提出了新问题和挑战，需重新审视蛇绿岩和铬铁矿的浅部成因理论。

中国地质科学院矿产资源研究所

截至 2014 年底，全所在职职工 253 人，其中，中国工程院院士 2 人，正高级职称 59 人，副高级职称 61 人；具有博士学位的 157 人、硕士学位的 48 人，在站博士后 27 人。内设 13 个研究室（中心）、6 个职能处室和 1 个成果转化中心；有 2 个部级重点实验室。中国地质学会矿床地质专业委员会、中国矿物岩石地球化学学会矿物专业委员会挂靠资源所，主办学术刊物《矿床地质》。

作为第一完成单位获国土资源科学技术一等奖 1 项、二等奖 1 项，作为参加单位获国土资源科学技术二等奖 3 项。获中国黄金协会科学技术奖一等奖 1 项，获发明专利 3 项。第一标注单位发表论文 434 篇，其中，国际 SCI 检索论文 44 篇，国内 SCI 检索论文 30 篇，EI 检索论文 25 篇。出版专著 11 部。获中国地质调查局、中国地质科学院 2014 年度地质科技十大进展 1 项。

领导班子由 6 人组成：所党委书记、所长傅秉锋，所党委委员、副所长张佳文、毛景文、王宗起、邢树文、李基宏。

内蒙古包头哈达门金矿集区 20 号和 32 号脉成矿理论研究及找矿预测获中国黄金协会科学技术一等奖

所党委书记、所长傅秉锋（左三），所党委委员、副所长张佳文（左二）、毛景文（右三）、王宗起（左一）、邢树文（右二）、李基宏（右一）

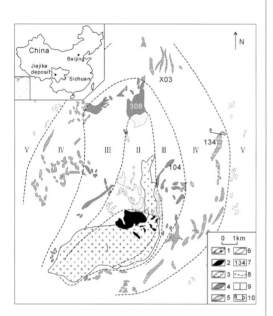

甲基卡矿区地质图

川西甲基卡花岗伟晶岩型矿床成矿机制再研究及找矿进展。 配合"我国三稀资源战略研究"在四川甲基卡矿区外围的找矿突破，对甲基卡矿区花岗岩和伟晶岩中的熔体和富子晶包裹体进行了重点剖析，包裹体的组成和均一行为特征表明该矿床的形成是花岗岩浆液态不混溶作用的产物，以此建立了以富 H_2O 二云母花岗岩为内因，高剥蚀程度和具有相对封闭、有限开放环境的构造变质穹窿体为外因的找矿模型，归纳出甲基卡式矿床的找矿标志，其主要包括：较大的成矿深度（约 14 千米），相对封闭的构造环境（构造 — 变质穹窿、硅铝质围岩、复式背斜轴部）与岩体和围岩的冷缩断裂并存，成矿岩体主要为二云母花岗岩，花岗岩具有富 H_2O 的特征。根据此找矿标志，对川西 — 西昆仑的找矿前景进行了分析，认为甲基卡、可尔因和大红柳滩等矿床具有相同的成矿模式和找矿标志，差别仅为剥蚀程度不同。建议：在可尔因外围寻找甲基卡式矿床，在大红柳滩矿区东南部加大找矿部署工作；在甲基卡外围的瓦多、长征、容许卡等构造 — 变质穹窿区寻找甲基卡式矿床；在甲基卡矿区，根据变质分带和二云母花岗岩向北倾伏的特征，在北部通过地球物理探测花岗岩体，寻找新的找矿靶区。

甲基卡海子

大陆裂谷成钾作用与江陵找钾突破进展。全球板块运动对表生成钾控制明显，即从古生代稳定克拉通海盆、中生代特提斯海盆成钾，到新生代演变大陆裂谷成钾，即表生成钾模式发生了重大转变，盆地成钾从海水补给为主，转变为以盆内来源为主、海水补给为辅；研究提出了裂谷小盆地成钾理论。选择江陵凹陷进行勘查与研究，实施4口深井，开展大量地震解释等，获得工程控制的钾盐预测资源量2亿吨及其丰富的伴生硼锂铷铯溴碘资源量；发现了固体钾盐成矿显示。富钾卤水综合开发研究显示，钾及伴生有益元素都能"吃干榨尽"提取；现已完成中试工厂设计，准备进入开发阶段。

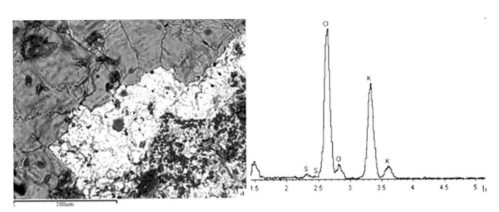

扫描电镜图像和X射线衍射图像：白色氯化钾（钾石盐）分布于灰色石盐晶间，岗钾2井盐岩，3772米

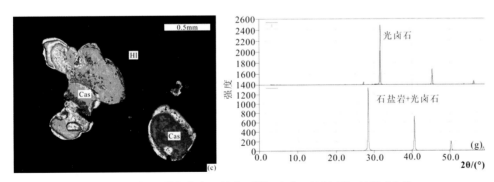

c. 光卤石呈粒状被包裹在石盐中，岗钾2井，4160.79~4160.99米；
g. 样品钾石盐的X射线衍射谱图

华南地区成矿规律与成矿背景研究进展。华南是全球中生代成矿最集中和最具代表性地区，为什么在短时间有如此巨量金属元素堆积成矿，是全球科学家关注的重要科学问题。此次研究鉴别出华南地区中生代存在230～210Ma，170～137Ma和135～80 Ma三次大规模成矿峰期，空间上分布特点分别为东西向大陆板内、钦杭——南岭中部——长江中下游三个区带和大陆边缘；相应成矿背景分别为碰撞后、斜俯冲挤压和后俯冲伸展环境。发现 135～80 Ma 形成的矿产发育于大陆边缘的伸展盆地中，提出钦杭和长江中下游铜多金属成矿带与 Izanagi 板片在俯冲期间沿古构造单元结合带被撕裂密切相关，认为长江中下游铜矿带与其南侧的江南古陆钨矿带同时平行产出是同一构造事件的产物，初步揭示翁文灏先生 20 世纪 20 年代发现的华南区域成矿分带为一个中晚侏罗世复合成矿的结果。

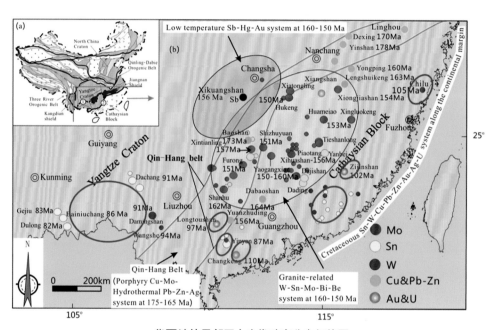

华夏地块及邻区中生代矿产分布规律图

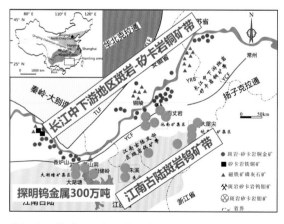

长江中下游地区及邻区中生代金属矿产分布规律图

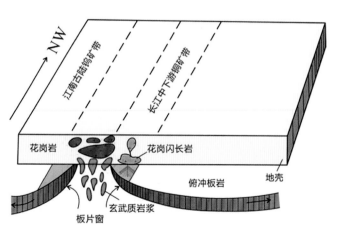

长江中下游地区及邻区中生代金属矿产成矿动力学模型图

  全国重要矿产和区域成矿规律研究成果： 完成了全国重要矿产和区域成矿规律研究成果报告及工作报告各一份，16 个单矿种（矿组）全国汇总研究报告 16 份；全国单矿种成矿规律图等四类系列图件 64 份，各种图表册 4 份，建立了分矿种数据库 16 个，汇总数据库 1 个，全面完成了项目任务和目标。研究提出了全国统一的重要矿产和区域成矿规律研究技术要求，有效指导了省级成矿规律的研究工作；首次实现 I、II、III、IV 级成矿区带的全覆盖；全面梳理并提出 23 个矿种矿产预测类型划分方案，厘定出 388 个矿产预测类型。对 17 个单矿种进行研究，首次划分了单矿种的成矿区带。系统研究了 17 个成矿省的成矿规律，完善了各成矿省的区域成矿模式及区域成矿谱系，分析了找矿潜力，为矿产预测和勘查工作部署提供了科学依据。编制了《典型矿床成矿模式表册》《典型矿床野外调查图册》及 11886 个成岩成矿同位素年龄数据汇编，为矿产预测和勘查评价提供科学基础。在区域成矿规律研究方面：如"五层楼＋地下室"新成矿模式、华南中生代岩浆成矿作用、华北板块和准噶尔板块南北两侧岩浆成矿的对称性、大区域镍矿分布等方面有重要创新。在贵州、湖南"低温成矿域"中金、锑、汞矿的多期成矿作用以及我国弧形 — 山字型 — 旋卷 — 帚状构造等大型变形构造与矿产的空间关系等方面提出了新认识，对发展及探讨成矿理论有重要意义。培养了一批青年骨干及 19 位博士、博士后等，出版专著 10 部，发表论文 168 篇。工作成果除为计划项目的矿产预测直接应用外，在一些重要矿床，如广西大厂锡多金属矿床、江西淘锡坑钨矿、盘古山钨矿、贵州大竹园铝土矿等矿床的勘查评价中起到了有效的指导作用，取得良好的找矿效果。

中国地质科学院地质力学研究所

力学所参加的"胶东金矿理论技术创新与深部找矿突破"获国家科技进步二等奖

截至2014年底，全所在职职工190人，其中具有博士学位的87人，研究员及教授级高工46人，副研究员及高级工程师、高级会计师47人。内设8个专业研究室、5个职能处室和2个公益服务部门；有2个部级重点实验室、2个部野外科学观测研究基地、1个局级重点实验室、1个局业务中心和2个中国地质科学院重点实验室。

获国家科学技术进步二等奖1项（参加），国土资源科学技术一等奖1项，二等奖1项。"山区公路城镇危岩崩塌灾害及工程高切坡减灾理论与技术"获得教育部科技进步奖。"泛亚铁路大理至瑞丽沿线地质构造综合研究"获中国地质调查成果奖二等奖；获发明专利2项："基于微型桩群的滑坡防治方法"、"一种非常规气的现场自动解析仪系统"；获实用新型专利3项："一种小型地震报警仪"、"一种带有自动数据采集系统的岩土体原位直剪试验装置"、"0～60℃岩石线性热膨胀系数的测量装置"。

2014年在研项目166项，总经费1.4亿元，其科技部项目5项，国家自然科学基金项目31项，地质调查计划项目7项、工作项目46项，国土资源公益性行业科研专项项目5项，其他部委项目7项，基本科研业务费项目23项，相关单位委托项目45项；出版专著8部；以第一作者发表论文173篇，含SCI检索论文55篇（国际SCI论文37篇），EI检索论文23篇，中文核心期刊论文49篇。

领导班子由5人组成：所长、党委副书记徐勇，党委书记、副所长、纪委书记徐龙强，副所长赵越、侯春堂、马寅生。

所长、党委副书记徐勇（中），党委书记、副所长、纪委书记徐龙强（右二），副所长赵越（左二），副所长侯春堂（右一），副所长马寅生（左一）

年度重要科研成果

柴达木盆地油气调查开辟了石炭系勘探新领域。明确柴达木盆地石炭系分布范围和残留厚度，发现柴达木盆地中新生界之下普遍发育石炭系；对柴达木盆地石炭系进行了划分对比，编制了盆地上泥盆统—石炭系不同阶段岩相古地理图；证实柴达木盆地石炭系发育良好的烃源岩，具有很好的生油能力，发现大量的石炭系油气显示，油源对比证实其来源于石炭系烃源岩；研究表明柴达木盆地石炭系构造变形主要发生在新近纪末期，有利于石炭系成藏；同时通过柴东地区地震资料重新处理，初步确定 10 个石炭系圈闭。

华南大陆白垩纪大地构造演化过程及动力学研究取得新成果。通过对盆地沉积、构造变形和岩浆演化等资料的综合分析，梳理了华南白垩纪大地构造演化过程，首次提出 3 阶段伸展和挤压交替演化模式。早白垩世早期 (145 ~ 137Ma) 挤压作用，导致陆壳普遍加厚重融，形成大规模埃达克质岩、片麻状花岗岩和混合花岗岩，与古太平洋板块及北缘洋中脊的低角度俯冲作用密切相关。早—中白垩世 (136 ~ 80Ma)，华南处于弧后扩张的大地构造背景下，区域沉积—岩浆—变形演化与古太平洋板块的俯冲作用相关，伸展—挤压事件的幕式交替反映了弧后扩张过程中复杂的俯冲板片动力学。晚白垩世 (80 ~ 65Ma)，周缘板块动力学发生重大调整，新特提斯构造域板片俯冲作用控制着新一轮地壳伸展裂陷和沉积—构造演化。

"华北克拉通中—新元古代多期裂解事件性质及其成矿专属性"研究取得重要进展。发现狼山地区渣尔泰群变质火山岩夹层的锆石 U-Pb 年龄为 (804.1 ± 3.5) Ma，结合前人发表的狼山渣尔泰群变质火山岩 (805.0 ± 5.0) Ma 的锆石 U-Pb 年龄结果，认为狼山地区渣尔泰群主体年龄为新元古代，时代在 800 ~ 1100 Ma 左右。而渣尔泰山地区的渣尔泰群锆石测年结果显示，渣尔泰群时代为中元

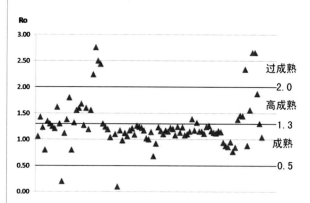

柴达木盆地石炭系烃源岩有机质成熟度图

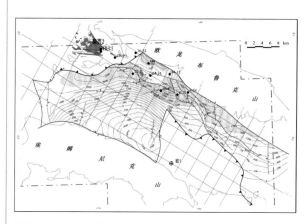

欧南地区石炭系顶面构造图

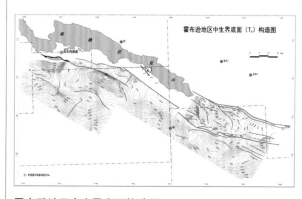

霍布逊地区中生界底面构造图

古代。狼山地区的渣尔泰群不同于东侧渣尔泰山一带渣尔泰群，以及白云鄂博群和化德群，它是一套新元古代谷沉积组合。建议恢复狼山群名称，专指分布于狼山地区的这套新元古代地层。内蒙古狼山地区新元古代狼山群的确定一方面填补了华北克拉通新元古代地层空白；另一方面，前人确定的狼山—渣尔泰山—白云鄂博中元古代成矿带实际上应该解体为中元古代和新元古代两个成矿带，狼山群中发育的大型海底火山喷流矿床成矿时代应该在新元古代之后。

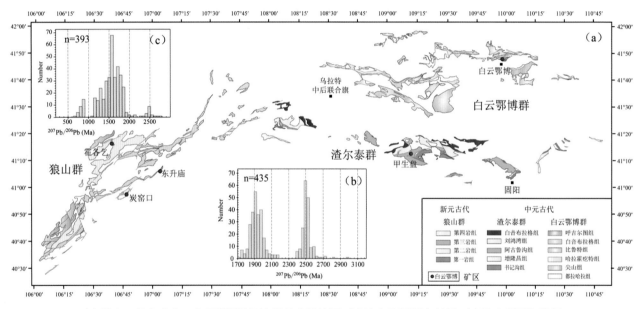

(a) 狼山、渣尔泰山、白云鄂博地区中新元古代地层；(b) 渣尔泰群测年结果；(c) 狼山群测年结果

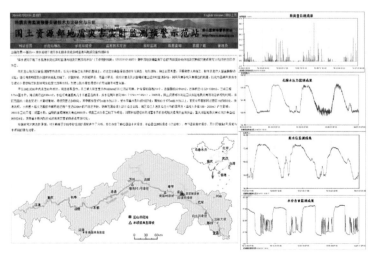

滑坡实时监测系统发布网页

发挥地质调查科技支撑作用，提升西部山区防灾减灾水平。 由中国地质调查局组织、地质力学研究所等单位实施的"西部复杂山区地质灾害成灾模式"计划项目，经过4年的调查研究与科技攻关，完成了我国西部复杂山区重大地质灾害成灾模式与监测预警科学问题和应急处置关键技术研究，项目引入遥感解译、灾害详查、GPS与InSAR地表监测、大型风洞试验、现场物理模型试验、数值模拟、力学数学分析等先进技术手段，开展了大型地质灾害成灾模式、早

期识别、监测预警与防治对策等内容的综合研究，提高了复杂山体地质灾害早期识别水平和监测预警关键技术，建立了复杂山区地质灾害实时监测与预警示范区，提高了地质灾害应急快速加固与风险评估的技术方法理论水平，为我国西部复杂山体地质灾害防灾减灾提供理论依据和技术支撑，推动了工程地质学科发展。

"青藏高原东南缘重要活动断裂厘定与活动构造体系综合研究"成果丰硕。通过详细的活动断裂解译与调查、同震地表破裂填图和古地震研究，查明了该区主要活动断裂的分布与组成、活动性及历史地震与古地震活动特征，并获得了该区高精度的地表破裂分布图像。研究表明，玉树活动断裂带构成了玉树—鲜水河—小江断裂系的尾端构造，属典型的"Z"型左旋剪切张扭性变形带，晚第四纪期间的左旋走滑速率可达 4.0～5.4mm/a，调节了该区大部分的块体挤出与旋转变形量，是该区地震活动性最显著的断裂。古地震研究揭示，玉树主干走滑断裂带全新世期间的大地震原地重复间隔明显不均匀，平均在千年以上，最长达近 3000a。基于新发现的古地震活动规律，综合判断认为，该区玉树断裂带上仍存在至少 6 段大地震危险程度不同的地震空区，估算的潜在大地震震级为 Mw6.6～7.3 不等。

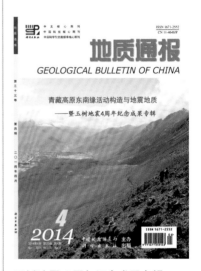

玉树地震 4 周年纪念成果专辑

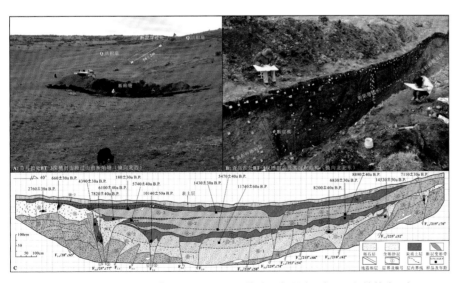

玉树断裂带东南段探槽西壁剖面（剖面的地貌部位（A）、沉积结构（B）及剖面编录图（C））

获奖证书

中国地质科学院水文地质环境地质研究所

截至 2014 年底，全所职工总数 534 人，其中在职职工 310 人，离退休职工 224 人；博士生导师 8 人，享受国务院政府津贴专家 4 人。专业技术人员中，院士 1 人，俄罗斯自然科学院外籍院士 1 人，正高级职称 40 人，副高级职称 46 人，中级职称 125 人。内设 8 个综合管理部门、16 个技术业务部门、3 个科研业务保障部门。国际水文地质学家协会中国国家专业委员会、中国地质学会水文地质专业委员会、地热专业委员会、农业地质专业委员会、河北省矿泉水产品质量监督检验站挂靠所内。

发表论文 122 篇，其中 SCI 检索论文 21 篇、EI 检索论文 23 篇。出版专著 5 部，获得专利 29 项，1 项专利技术实现转让，获著作权 1 部。获批 12 项国家自然科学基金项目。石建省研究员获"全国优秀科技工作者"称号，卢耀如院士再获河北省院士特殊贡献奖，石建省、王贵玲研究员受聘全国首席科学传播专家。国家实用新型专利"有机物污染水样泵管口采样器"成功转化为产品，投入批量生产。荣获国土资源科学技术二等奖 1 项，中国地质调查局、中国地质科学院 2014 年度地质科技十大进展 1 项，中国地质学会 2014 年度十大地质科技进展 1 项。

领导班子由 5 人组成，所长、党委书记石建省，副所长张永波、张兆吉、李援生，纪委书记张民福。

所长、党委书记石建省（中），副所长张永波（右二），副所长张兆吉（左二），副所长李援生（右一），纪委书记张民福（左一）

年度重要科研成果

我国地下水污染调查建立全流程现代化取样分析技术体系。成功研制系列取样器并解决痕量组分采集技术难题，发展高效实用的现场调查技术及离线萃取技术，快速准确地查明了重点地区地下水污染状况；通过高分辨率遥感解译调查土地利用类型与污染源分布；构建了有机分析实验平台，对全国33个实验室实现网络远程质量监控。

大型盆地和东南沿海典型地区深部水文地质调查与综合评价取得地热资源勘查重大突破。在高温地热资源以及干热岩勘查、水热型地热资源调查评价、省会城市及地级市浅层地温能调查评价取得重大突破，发现多处高温地热异常。西藏古堆高温地热显示区地热钻探230米深度温度达195 ℃，为我国目前地热勘探中同深度温度最高钻井，川西地区高温地热钻探填补了理塘、巴塘地热钻探空白。首次开展干热岩科学开发利用试验研究，东南沿海地区干热岩钻探选址取得进展，完成东南沿海干热岩资源潜力区地球物理勘查。

贵德县扎仓沟干热岩钻孔现场

中国地质调查局王学龙副局长听取项目汇报

热坑间歇喷泉

热水塘沸喷泉

城市发展中的地质环境风险评估与防控关键技术研究与示范。以甘肃兰州、天水的滑坡、泥石流为研究对象，攻克了滑坡、泥石流发生概率难以计算的难题，建立了滑坡、泥石流风险评价技术方法体系。以郑州地面沉降为研究对象，研究了中原城市群地面沉降发生原因与机理，为中原城市地面沉降风险评价技术研究奠定了基础。以石家庄、北京、洛阳为研究区域，研究了污染物在这些地区包气带中的迁移规律与包气带的防污能力，改进了地下水污染防污能力的评价方法技术，为地下水污染风险评估奠定了基础。

全国地下水资源及其环境问题战略研究。查明我国 13 个粮食主产区的分布范围、农业种植现状及其灌溉用水对地下水依赖状况与趋势、各粮食主产区地下水资源保障农田生产用水能力。首次查明地下水超采与灌溉农业之间关系、小麦、玉米等秋粮作物及蔬菜和耗水型果林用水对地下水超采影响程度和应调控阈以及节水灌溉与地下水资源优化配置机制。提出相对农民模式的综合优化节水灌溉方案和实施对策，示范应用取得显著生态环境和经济社会效益。创编了我国"国家主要含水层图工作大纲与技术要求"，全面完成《我国水工环地质工作发展史》出版稿，对发展我国水工环地质事业具有重要指导意义。

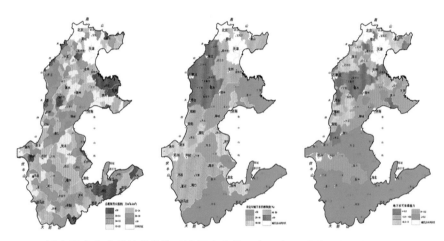

国家粮食主产基地黄淮海区灌溉农业的用水强度、对地下水依赖程度和地下水保障能力分布图

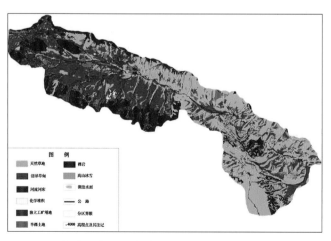

祁连山大型煤炭基地土地覆盖现状解译图

重要能源基地水文地质环境地质调查。完成我国重要能源基地 1:5 万水文地质环境地质调查工作总体部署。先后开展了"青海重要能源基地水文地质调查"、"神东煤炭基地水文地质调查与老空区普查"和"晋东能源基地水文地质环境地质调查"。完成 6 个 1:5 万标准图幅调查（面积约 2520 km²）；实施一批探采结合井，总出水量约 14736 m³/d，有力地解决了矿区缺水问题。在多年冻土区融区控水规律、鄂尔多斯盆地直罗组强富水特性、典型岩溶泉域强径流带分布与演变、采煤条件下上覆含水层疏干破坏机理、矿区含水层保护理论技术、老空区老空水普查技术方法和 1:5 万水文地质编图等方面取得一系列新成果。

巴丹吉林沙漠1:5万水文地质调查。 完成巴丹吉林沙漠湖泊集中分布区野外调查任务，填补了我国沙漠区域水文地质调查空白。调查湖泊洼地133个、泉点29个、机民井88个，人工揭露地下水73处。初步查明沙漠东南部第四系沉积基底特征和湖泊、地下水分布的规律。首次在沙漠腹地完成350米水文地质钻探，揭露了第四系沉积基底和含水层结构，并首次获取巴丹吉林沙漠水文地质参数，为沙漠区水文地质条件研究奠定了良好基础。

中国工程院重大咨询项目我国地热资源开发利用战略研究。 通过全球地热资源开发利用数据，对我国各类地热资源开发利用情况以及开发利用用途进行分析总结，圈定具有开发利用前景的高温、中低温地热区（田），提出地热发电规模及远景布局。查明我国干热岩资源分布，圈定若干干热岩远景分布区，提出我国地热资源开发利用集约化目标及方向。开展了地下热水资源开发利用现状与趋势研究，制定出我国地热资源开发利用关键技术研究路线图，为地热资源管理提供决策依据。

群矿采煤驱动下含水层结构变异对区域水循环影响机制研究。 初步查明采空区覆岩三带宏观分布规律，采场应力分布对覆岩裂隙发育特征的影响特征、关键层分布对覆岩裂隙发育特征影响机理，分析总结了采动裂隙发展与含水层结构变异演化规律，基本掌握采空区裂隙发育特征及渗透性变化规律，建立了典型矿区含水层空间结构变异数值模型，创造性提出采空区渗透性跃变曲面"椭抛凹形体"概念。

华北平原典型地区地下水回灌关键技术与工程示范。 应用GMS软件初步建立了试验场三维地层结构图，建立了勘察回灌区水文地质参数系列。建立完善了地下水回灌三维水流模型，发展了地下水高精度模拟技术和优控管理信息技术。完善了滹沱河冲洪积扇三维地下水流模型，采用嵌套技术建立区域模型与示范区模型的耦合模型；建立示范区地下水回灌主要污染组分的溶质运移模型，进行了地下水管理模型的算法研究，初步形成地下水管理信息系统。

沙漠腹地水文地质钻探

含水层结构破坏物理模拟试验

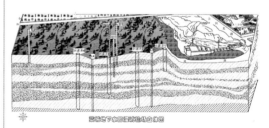

地下水回灌试验场立体图

中国地质科学院地球物理地球化学勘查研究所

截至 2014 年底，全所在职职工 378 人，其中专业技术人员 271 人，包括中国科学院院士 1 人，正高级职称 73 人，副高级职称 57 人，具有博士学位的 38 人，硕士学位的 127 人。内设 6 个职能处室，5 个服务部门，11 个专业研究室，有 1 个所属企业；在建联合国教科文组织全球尺度地球化学国际研究中心；建有国家现代地质勘查工程技术研究中心，1 个部级检测中心、2 个部级重点实验室、1 个局业务中心、1 个院级重点实验室；有中国地质学会勘查地球化学专业委员会、中国地质学会勘探地球物理专业委员会、中国地质学会桩基检测专业委员会、全国国土资源标准化技术委员会地质勘查技术方法分技术委员会等挂靠机构，拥有地球探测与信息技术硕士学位授予权。

承担各类科技项目 123 项，年度总经费 17972 万元，其中国家科技项目 16 项，国土资源公益性行业专项项目 10 项，地质调查项目 45 项，基本科研业务费项目 43 项。获批专利和著作权 16 项，发表各类论文 129 篇（其中，SCI 和 EI 检索论文 22 篇），出版专著 1 部。获得国土资源科学技术一等奖 1 项，二等奖 2 项（参加）。

领导班子由 4 人组成：所长、党委副书记韩子夜，党委书记、副所长甘行平，副所长史长义、吕庆田。

所长、党委副书记韩子夜（左二），党委书记、副所长甘行平（右二），副所长史长义（左一）、吕庆田（右一）

年度重要科研成果

固定翼时间域航空电磁测量系统实用化与示范。与哈飞飞机设计所、哈飞航修公司、中国飞龙通用航空有限公司和试飞机组合作，解决了十余项试飞技术难题，执飞 13 架次，分三个阶段完成了 32 个调整试飞科目，采集原始数据 2.3GB。全状态集成调试试飞取得成功。

大深度三维电磁探测技术工程化开发。该项目是国家重大科学仪器设备开发专项。成功研制出三维电磁探测系统样机，所研制的三维多功能电磁样机系统、瞬变电磁样机系统和感应式传感器经场地测试表明，仪器间测量参数一致性良好、性能可靠，接收机能持续稳定工作，发射机实现了最高电压达 1500V 的供电。同时，利用开发的样机系统在矿区开展了多种方法与装置的三维观测试验和应用，对获取的测量信息与矿区已有勘探成果的对比表明，三维测量成果反映出了矿床的三维空间展布特征，初步实现了立体地球物理探测。

区域地球物理调查成果集成与方法技术研究、成矿带区域地球化学调查。研制了区域物探工作中急需的方法技术，已完成区域地球物理调查面积 13.2 万多平方千米，1：5 万地球物理调查面积 5 千多平方千米，使全国陆域 1：25 万区域重力调查工作程度由 49.6% 提高到 51.0%。编制了重点成矿带基础地球物理图件，完成了相关重点成矿区带区域地球物理综合研究，如西南三江综合研究，利用最新区域重力资料划分了构造单元及断裂构造。研制了区域化探工作中急需的方法技术，共完成全国陆域区域化探工作 90.15%。

熔融制样 - LA-HR-ICP-MS 法测定稀有稀散元素的研究。针对 LA-HR-ICP-MS 的进样载气组成对信号灵敏度有直接影响的特点，对载气系统加装了 He 气进样装置，利用 He 气和 Ar 气的混合气作为载气进行样品测定，对混合气的流量进行了优化。在最优混合气条件下，对射频功率、辅助气流量和采样深度分别进行了优化，得到 HR-ICP-MS 的最优仪器条件。

完成中国大陆 81 项指标（含 76 个元素）地球化学基准值建立工作。研发了地壳全元素精确分析系统，包括 76 个元素和 5 个地球化学指标，所有分析指标均达国际领先水平；首次制作了 81 个指标的

时间域专用飞机 B-3855 号首飞成功

三维多功能电磁接收机及传感器

三分量瞬变电磁接收机与传感器

全国土壤地球化学基准图，地层出露面积加权的岩石地球化学基准图和岩浆岩76个元素地球化学图；新发现一批铀、稀土、铜、金等新的找矿远景区，特别是填补了过去区域化探扫面未覆盖的盆地砂岩型铀矿和未分析的稀土元素矿床远景区；建立了全国镉、汞、砷、铅、铬、铜、镍、锌8个重金属元素和放射性元素铀、钍、钾的地球化学基准。

全球地球化学信息化平台——Chemical Earth初步建立。 建立了"化学地球"数据库和地球化学图形化显示模型，实现了针对多尺度海量地球化学数据与图形的管理，能对不同尺度地球化学图进行显示，具有图形与数据交互查询、采样信息查询等功能。研制具有完全自主知识产权"化学地球"软件（简称：Chemical Earth）V1.0；建立了全国地壳全元素探测数据库。收集了欧洲、美洲部分地球化学填图数据，并成功将这些数据应用于"化学地球"。

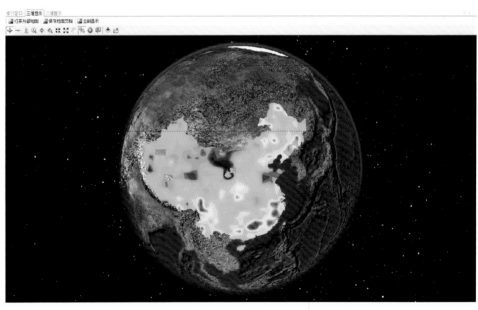

全球地球化学信息化平台
——Chemical Earth

中国地质科学院岩溶地质研究所

　　截至 2014 年底，全所在职职工 215 人，包括中国科学院院士 1 人、正高级职称 32 人、副高级职称 45 人，具有博士学位的 28 人、硕士学位的 102 人。内设机构有 8 个职能处室、9 个专业研究室（中心）、2 个部级重点实验室，1 个局级和院级重点实验室。

　　承担各类项目 146 项，年度总经费 14301 万元，其中科研项目 56 项、地调项目 24 项、社会服务项目 29 项、基本科研业务费项目 37 项。以第一作者公开发表论文 126 篇，其中 SCI、EI 检索论文 23 篇，中文核心 62 篇，出版专著 2 部，论文集 1 本，获实用新型专利 3 项。主持开发的"岩溶地质调查卡片管理系统"、"South Karst GIS for Windows"、"西南岩溶自动监测站管理系统"等 3 项计算机软件，获国家版权局颁发的计算机软件著作权登记证书。

　　领导班子由 4 人组成：所长、党委副书记姜玉池；党委书记、常务副所长、纪委书记张发旺；副所长黄庆达、蒋忠诚。

所长、党委副书记姜玉池（右二）、党委书记、常务副所长、纪委书记张发旺（左二）、副所长黄庆达（右一）、副所长蒋忠诚（左一）

年度重要科研成果

喀斯特峰丛洼地水土调蓄技术研究。运用野外监测和先进的同位素技术，首次系统揭示了岩溶峰丛洼地不同地貌部位和不同生态环境的水土漏失定量差异和原因，建立了适宜岩溶区特点的水土流失强度分级标准和土壤侵蚀回归模型，研发了表层岩溶水生态调蓄技术、水源林优选植被种类和水源林植被群落构建技术，开辟了岩溶石漠化环境生态效益与经济效益俱佳的火龙果生态产业，成为远近闻名的特色生态品牌，不仅火龙果供不应求，而且带动了其他农副产品的销售。2014年，果化示范区火龙果套种立体种植模式单位面积年产值达到 1.5 万元 / 亩，新增火龙果花产值 1500 元 / 亩，典型示范户平均收入 2.3 万元 / 户，经济效益比 2011 年增长 2 倍。示范区的生态经济效益持续改善，为西南岩溶地区石漠化综合治理和水土保持提供了技术支撑和示范样板。

塔中II区鹰山组层间岩溶储层展布规律研究。对奥陶系鹰山组碳酸盐岩岩溶层组进行划分，并确定了三期古岩溶充填模式；应用"残厚趋势面和印模残差组合法"恢复塔中II区岩溶古地貌及古水系特征。确定了三期海平面展布趋势，提出了古滨海岩溶、古岛屿岩溶的概念，分析了古岩溶地貌与岩溶储层的关系，建立了不同地貌单元岩溶缝洞系统发育机制。对不同古岩溶地貌单元、岩溶储层垂向分布特征与油藏的试油成果、生产动态进行了系统分析，提出了"岩溶储层海平面控储理论"，为岩溶储层有利区块预测及开发井位布置提供依据。

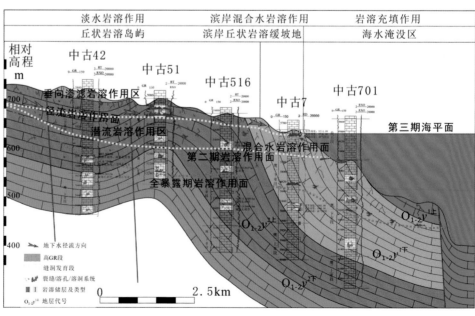

第三期海平面时期岩溶缝洞系统发育模式图

西南岩溶地区 1:5 万水文地质环境地质调查（湖南邓家铺幅、稠树塘幅）。新发现岩溶大泉 15 处和地下河 2 条，修正地下河 12 条，提高了工作精度。查明了区内水文地质条件，对地下河、岩溶大泉发育控制因素及发育规律进行了分析，地下河发育受构造、岩性及区内水文网络条件的控制，泉水多沿地层接触带或断层影响控制而发育。对 35 个干旱缺水村屯调查基础之上，圈定晏田—水浸坪以及双牌干旱缺水带，施工探采结合孔 10 处，成井 9 处，解决近万人干旱缺水问题，取得良好的社会效益。工作区主要环境地质问题为干旱、水土流失和地下水污染，地质灾害主要为滑坡。

水浸坪探采结合孔出水

中国典型地区岩溶碳汇调查。计算了长江流域岩石风化消耗 CO_2 量，对长江流域岩石化学风化速率和 CO_2 消耗通量进行了计算，结果表明：长江流域 CO_2 消耗总量为 $3533×10^4$ t/a，CO_2 消耗通量为 19.62 t/(km² · a)，各主要支流的 CO_2 消耗量如图所示；查明了煤系地层和石膏对北方泉域地质碳汇效应的影响，通过北方岩溶流域（柳林泉域）地质碳汇调查，查明了流域的奥陶系石膏夹层及煤系地层的存在对地质碳汇有重要影响，通过硫同位素研究，分析大气酸沉降、煤层硫化物、矿床硫化物氧化以及石膏溶解对水体中 SO_4^{2-} 的贡献，可量化硫酸对碳酸盐岩的溶蚀作用，准确估算泉域的地质碳汇效应。

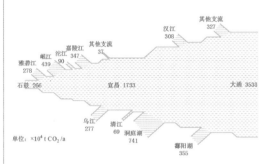

单位：×10⁴ t CO_2/a

长江流域干流及主要支流 CO_2 消耗通量示意图

西南地区岩溶地下水污染调查评价。完成 1:25 万地下水污染调查面积 26.4 万 km²，采集样品 950 组。进一步查清了区域地下水含水层分布、地下水类型及富水性，重点剖析了典型岩

煤矿污染源

垃圾污染源

溶地下水系统的结构特征，基本查清了污染源的种类及其空间分布特征，掌握了土地利用变化趋势，最后通过对地下水质量、污染状况、防污性能及风险性进行评价，制定地下水污染防治区划；建立地下水污染调查评价信息系统，提高了地下水环境监管能力，建立地下水污染防治体系，对典型地下水污染源实现全面控制。为城市建设及重大工程建设提供地质依据；为有效保护地下水资源，改善城市生态环境，建设环境友好城市提供技术支持；为维护社会稳定、增强可持续发展能力，直接减轻或防止地下水环境对经济造成的影响和损失。

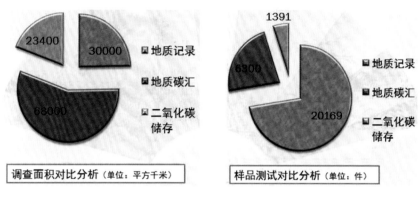

数据分析

应对全球气候变化地质调查数据库及信息系统建设。分类分析并统计了所属工作项目 2013～2014 年度信息数据；拟定地质记录成果编图方案；开展相关图件制作与修编；初步完成了相关数据库建库工作指南的编写，提出数据采集基本要求，分发软件并现场培训；组织信息数据检查与验收会，获取数据量约为 32.3G；优化信息数据检查流程，完善数据质量控制体系；完成地质检测报告管理系统的软件编写；继续完善应对全球气候变化地质调查信息系统开发。

西南岩溶地区水文地质综合调查。通过 1:5 万水文地质环境地质调查，查明了不同岩溶环境类型区地下水分布结构、水循环机理、水质与污染现状、生态环境状况和开发利用与保护条件，为该区抗旱找水提供了技术支撑，快速确定了找水靶区和取水水源，勘探成井率达到 90% 以上。针对不同类型区开发条件，因地制宜，采取堵洞蓄水、钻井等多种方式，开展了岩溶地下水开发利用与生态环境综合治理示范。拦截地下河形成地下调节水库 6 座，钻探成井 200 多眼，解决了100 多万人饮用水、50 多万亩耕地的灌溉用水问题。

中国地质科学院年报·2014

金佛山喀斯特世界自然遗产申报。先后完成了金佛山喀斯特申遗报告、电视展示片与画册及幻灯片的制作、展示中心展陈内容的编制、考察路线的设定及报告编辑，并组织斯洛文尼亚、新西兰、波兰、美国、英国、加拿大和国内著名地质学家、岩溶学家对金佛山资源价值开展了多次考察，金佛山地学及美学价值得到了国内外岩溶学家的肯定，确立了金佛山为世界喀斯特台原模式地的地位。在多方共同努力下，金佛山喀斯特和其他三处中国南方喀斯特提名地一起于2014年在卡塔尔首都多哈举办的第36届世界遗产大会上被列入世界遗产名录。

金佛山二级陡崖上高悬的瀑布

国家地质实验测试中心

截至 2014 年底，在职职工 133 人，具有博士学位的 33 人、硕士学位的 45 人，大学本科 38 人，大专及以下 17 人。在职专业技术人员中，具有正高级职称的 21 人、副高级职称的 34 人、中级职称的 52 人，初级及以下人员 23 人，工人 3 人。入选国土资源杰出青年科技人才培养计划 1 人，中国地质调查局"青年地质英才"培养计划 1 人。内设 6 个职能处室、6 个专业研究室；有 1 个部级重点实验室、2 个局级和院级重点实验室、1 个局级业务中心。中国地质学会岩矿测试技术专业委员会、中国计量测试学会地质矿产实验测试专业委员会、全国国土资源标准化技术委员会地质矿产实验测试分技术委员会等学术组织挂靠在中心。

在研项目 102 项，其中科技部项目 9 项（含国际合作 2 项），国家自然科学基金项目 22 项，公益性行业科研专项课题 24 项，地调计划项目 2 项、工作项目 20 项、工作内容 10 项，基本科研业务费项目 15 项，横向项目 1 项。以第一单位研制国家一级标准物质 19 个，行业标准方法 4 项，中国地质调查局标准 1 项，获得发明专利 3 项，实用新型专利 1 项。以第一单位共发表论文 39 篇，其中国际 SCI/EI 检索论文 10 篇，中文 SCI/EI 检索论文 5 篇，中文核心期刊论文 21 篇，出版专著 2 部。

领导班子由 4 人组成：主任、党委书记庄育勋，副主任吴淑琪、罗立强，副主任、纪委书记沈建明。

主任、党委书记庄育勋（右二），副主任吴淑琪（左二），副主任罗立强（右一），副主任、纪委书记沈建明（左一）

年度重要科研成果

　　波谱 — 能谱复合型 X 射线荧光光谱仪的研发与产业化。结合目标仪器的特点，制定了一整套独具特色并行之有效的研发技术路线，克服了复杂结构件的精密加工、异型真空腔体（分析室）的精密铸造及其表面处理等一系列技术难题。完成了仪器核心部件 —— 组合型高纯冷却水系统、分光室、限光器、过滤片、准直器、晶体切换、样品交换、真空保持及调试工装的设计制作；利用 DSP 输出 PWM 波形，分别设计了恒温和真空系统的控制电路和变频器电压调节电路，完成了精度最佳在 ±0.05℃ 以内的智能恒温控制系统制作；完成了系统的数据结构设计，为波谱和能谱复合测量的数据处理、元素分布分析的数据处理等设计，建立了相应的模型，建立了 X 射线荧光光谱分析的数据库构架；完成了大功率高压发生器和高精度测角仪的样机加工，达到设计要求。基本完成了整机中主要部件和配套组件以及系统结构装置的设计和制作，即将进行样机的组装和调试工作。项目在研发过程中申请发明专利 1 项，实用新型专利 2 项，发表相关论文 10 篇，培养硕士研究生 2 名。

仪器搭建现场

分光室实物图

测角仪调试现场

高压发生器实物图

重要金属单矿物及同位素关键技术实验测试方法研究。该项目共由 6 个专题，32 个课题组成，项目总经费 2381 万元。2014 年 5 月完成验收。在重要金属单矿物和黑色岩系等实验测试新技术、同位素地质分析测试关键技术、元素形态与有机污染物分析、海洋与陆地油气勘察急需实验技术、矿产勘察现场快速分析与仪器研发、地矿分析方法和标准物质研制技术规范几方面取得了一系列的创新性成果，具有先进性和实用性，在地质、资源与环境领域得到了广泛应用。共发表论文 71 篇，取得发明专利 1 项、实用新型专利 6 项、外观专利 1 项、软件著作权 1 项。培养博士生 11 名、硕士生 9 名。

技术标准研发取得重要成果。研制国家一级标准物质 16 种，分别为：三江源土壤成分分析标准物质 5 种（编号：GBW 07476 ~ GBW 07480）、北极海洋沉积物成分分析标准物质 1 种（编号：GBW 07481）、矽线石成分分析标准物质 3 种（编号：GBW 07843 ~ GBW 07485）、土壤中有机氯农药和多氯联苯成分分析标准物质 6 种（编号：GBW 07469 ~ GBW 07474）；制定地质矿产行业标准 4 项，为生态地球化学评价动植物样品分析方法 第 1 部分至第 4 部分（编号：DZ/T 0253.1-2014 ~ DZ/T 0253.4-2014）；制定中国地质调查局标准 1 项，名称为地下水污染调查评价样品分析质量控制技术要求（编号：DD 2014-15）。这些技术标准有力地促进了地质实验测试技术发展，有效地指导和规范了地质实验测试技术工作，对促进地质矿产资源勘查和管理起到积极作用。其中青藏高原三江源土壤成分分析系列国家标准物质，定值成分多达 73 项，量值准确可靠，可满足三江源地区生态地球化学调查评价对样品测试结果的有效性、可比性及可溯源性的要求，同时还可作为三江源环境地球化学基线标准使用，为青藏高原世界屋脊、三江源中国水塔等生态脆弱区矿产资源勘查和开发、生态环境研究提供了有效的技术支撑。青藏高原三江源土壤成分分析标准物质、北极海洋沉积物成分分析标准物质，与项目组之前研制的南极海洋沉积物成分分析标准物质（编号 GBW 07357）相联合，标志着我国初步形成极地地球化学标准物质体系。

重金属离子识别光学传感器研究成果显著。能选择性识别重金属和过渡金属离子的光学传感器由于简便适用、灵敏度高等特点在环境科学和生命科学领域广泛的需求与应用。性能优良的光学传感器是构建重金属离子光学检测技术的基础。因此，光学传感器的发展一直受到国内外学者的广泛关注。国家地质实验测试中心王晓春副研究员在国家自然科学基金项目支持下，长期致力于化学传感器领域的研究，并取得了显著的成果。该研究团队以罗丹明 B 作为荧光母体，肼基作为桥联剂，间二硝基苯作为响应基团设计合成了一种能长波长、高选择性、高灵敏度的检测 Cu^{2+} 的光学传感器 N-(2，4-二硝基苯基)-罗丹明 B 酰肼。该传感器本身无颜色和荧光，但可以选择性地与 Cu^{2+} 离子发生显色和荧光打开反应，体系由无色变为粉红色，且产生明显的荧光信号。2 倍当量的其他共存离子并不能引起体系的紫外和荧光信号改变。吸光检测和荧光检测的灵敏度分别为 7.3×10^{-9} m 和 1.1×10^{-9} m，大大提高了对 Cu^{2+} 离子的检测灵敏度和选择性，达到国际同行先进水平。该成果申请国家发明专利"N-(2,4-二硝基苯基)-罗丹明 B 酰肼及其制备方法与应用"于 2014 年获得国家知识产权局授权（专利号 ZL 201210323481.0）。

光学传感器 DNPRH 的化学结构

目前，已报道的大部分传感器分子的发射波长较短（紫外可见光区），不能有效避免基体效应和自发荧光的干扰，尤其在应用于重金属离子的细胞成像时极易受到光致漂白效应影响，荧光寿命很短。针对上述问题，该课题组又发展了一种 Si-罗丹明 B 类光学传感器——Si-罗丹明 B 内硫酯（简称为 Si-RBS）。Si-RBS 的发射波长处于近红外区域（687 nm），有效避免了背景荧光的干扰和光致漂白效应影响。Si-RBS 能选择性识别 Hg^{2+} 离子，其他共存离子对 Hg^{2+} 的识别几乎无干扰。利用 Si-RBS 对 Hg^{2+} 进行荧光检测的检出限达到 2.48×10^{-10} m。该研究成果申请国家发明专利 1 项（专利申请号 201410424312.5）。

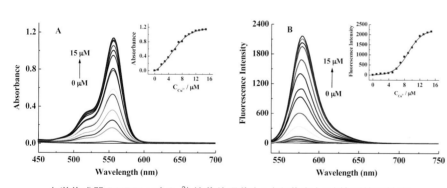

光学传感器 DNPRH 对 Cu^{2+} 的紫外吸收（A）和荧光（B）检测的灵敏度

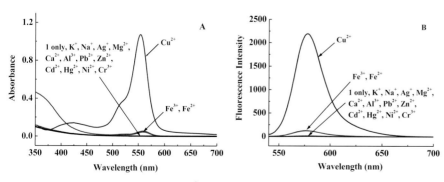

光学传感器 DNPRH 对 Cu^{2+} 的紫外吸收（A）和荧光（B）选择性

光学传感器 Si-罗丹明 B 内硫酯的化学结构

2014 年度重要科技奖

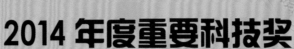

    2014 年度"胶东金矿理论技术创新与深部找矿突破"项目获国家科技进步二等奖（排名第四）。全院获国土资源科学技术一等奖 2 项，二等奖 9 项（参加 5 项）；获其他省部级奖 4 项；获中国地质调查成果一等奖 2 项，二等奖 3 项；2 项成果入选 2014 年度中国地质学会十大地质科技进展。

2014 年度获国土资源科学技术奖情况

项目名称	完成单位	主要完成人			获奖类别
秦岭造山带结构、演化与成矿	中国地质科学院矿产资源研究所、中国地质科学院地质研究所、北京大学、中国地质调查局西安地调中心、西北有色地质勘查局地质勘查院	王宗起 王涛 王瑞廷 高联达 覃小锋	闫臻 李秋根 徐学义 张英利 吴发富	闫全人 陈隽璐 向忠金 代军治 张宏远	一等
汶川地震地质灾害综合调查与减灾关键支撑技术研究	中国地质科学院地质力学研究所、中国地质环境监测院、中国科学院地质与地球物理研究所、成都理工大学、中国地质大学（武汉）、四川省地质调查院、中国地质调查局成都地质调查中心、中国地质调查局水文地质环境地质调查中心、中国地质科学院地球物理地球化学勘查研究所、上海交通大学	殷跃平 王运生 吴树仁 邢爱国 方慧	张永双 胡新丽 姚鑫 李洪涛 苏生瑞	伍法权 王军 孙萍 唐文清 王涛	一等
中国西北地区构造体系控油作用研究	中国地质科学院地质力学研究所	康玉柱 康志宏 李会军 鄢犀利	王宗秀 文志刚 杨欣德	周新桂 李涛 徐耀辉	二等
亚洲地下水系列图	中国地质科学院水文地质环境地质研究所、中国地质环境监测院	张发旺 黄志兴 高昀 张健康	程彦培 田廷山 唐宏才	董华 倪增石 刘坤	一等
矿产资源领域循环经济评价指标体系及规划方法研究	中国地质科学院、中国地质科学院郑州矿产综合利用研究所、中国矿业联合会	郝美英 郭敏 李亮 袁俊宏	赵军伟 何凯涛 顾洪枢	鞠建华 崔丽琼 王文利	二等

项目名称	完成单位	主要完成人	获奖类别
微区和非传统同位素分析方法及应用研究	中国地质科学院矿产资源研究所	李延河　侯可军　秦　燕　刘　锋　万德芳　范昌福　段　超	二等

▌国土资源科学技术一等奖

秦岭造山带结构、演化与成矿

主要完成人：王宗起、闫　臻、闫全人、王　涛、李秋根、陈隽璐、王瑞廷、徐学义、向忠金、高联达、张英利、代军治、覃小锋、吴发富、张宏远

完成单位：中国地质科学院矿产资源研究所、中国地质科学院地质研究所、北京大学、中国地质调查局西安地调中心、西北有色地质勘查局地质勘查院

成果简介：（1）以不同成因类型混杂带构造 — 岩相剖析建立造山带地层新的研究思路和方法，在秦岭关键构造部位系列疑难地层中发现了古生物和同位素相互验证的新时代证据，重建秦岭造山带区域地层时代格架，开创了造山带地层研究新思路和新方法。（2）通过古陆缘盆地原型，结合构造相分析，创新造山带结构和演化研究理论与方法，在秦岭造山带鉴别出增生与碰撞造山作用的标志性构造单元，建立秦岭洋双向俯冲、双弧盆体系新模式，重塑秦岭造山作用过程。（3）以矿床成因类型与构造环

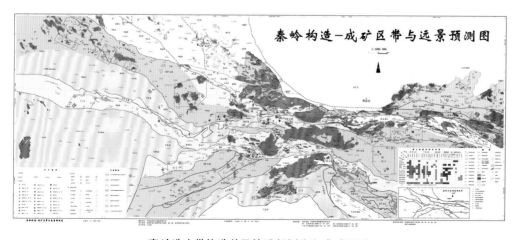

秦岭造山带构造单元的重新划分和成矿预测

境对应性分析创立了区域成矿 — 构造同带的概念，丰富了区域成矿学和勘查区划部署的理论和方法，总结预测并勘查验证秦岭 6 条大型构造 — 成矿带，获得良好的找矿效果。在系列变质哑地层和疑难地层，如宽坪群、陶湾群、西乡群、三化石群、碧口群、横丹群、耀岭河群等 17 个主要地层单位中发现古生代化石和相应的同位素年龄。

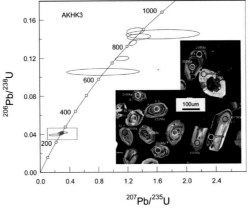 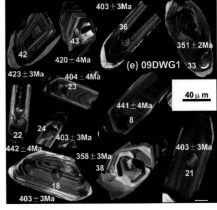

在系列变质哑地层和疑难地层，如宽坪群、陶湾群、西乡群、三化石群、碧口群、横丹群、耀岭河群等 17 个主要地层单位中发现古生代化石和测得相应的同位素年龄

汶川地震地质灾害综合调查与减灾关键支撑技术研究

主要完成人：殷跃平、张永双、伍法权、王运生、胡新丽、王军、吴树仁、姚鑫、孙萍、邢爱国、李洪涛、唐文清、方慧、苏生瑞、王涛

完成单位：中国地质科学院地质力学研究所、中国地质环境监测院、中国科学院地质与地球物理研究所、成都理工大学、中国地质大学（武汉）、四川省地质调查院、中国地质调查局成都地质调查中心、中国地质调查局水文地质环境地质调查中心、中国地质科学院地球物理地球化学勘查研究所、上海交通大学

成果简介：殷跃平、张永双研究员团队采用多学科理论和技术手段，开展了汶川地震地质灾害综合调查与减灾关键支撑技术研究，取得如下重要创新性成果：(1) 集成创新地面测绘、综合物探和 InSAR 技术，提出了强震区逆冲型活动断裂和地震破裂安全避让公式，系统调查和总结了地震地质灾害与活动断裂的关系。(2) 首次开展斜坡地震动监测和地脉动特征测试，结合大型振动台试验，获得了山体斜坡地震动放大规律，提出了竖向地震力对山体稳定性的放大效应。(3) 建立了基于星、空、地一体化应急调查技术的汶川地震灾后快速编图与评估方法，为地震地质灾害应急处置和灾后重建地质灾害防治提供了支撑。(4) 运用风洞试验和环剪试验揭示了汶川地震滑坡高速远程滑动的气垫效应和液化机理，建立了震后高位泥石流早期识别指标。上述成果及时指导了汶川地震、玉树地震、芦山地震等地震灾区地质灾害应急处置和灾后重建，显著提升了我国高山浓雾区地质灾害监测预警能力，避免了重大人员伤亡。

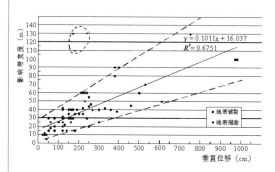

地震破裂垂直位移与影响带宽度的关系

地震地表破裂特征及其影响带宽度

大光包滑坡无人机航空
三维影像

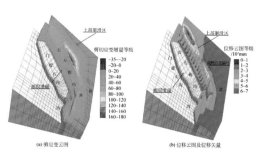

汶川地震第二时程 (40~70s) 大光包
滑坡模拟结果

无人机航拍绵竹市清平镇文家沟泥石流
全貌影像

国土资源科学技术二等奖

中国西北地区构造体系控油作用研究

主要完成人: 康玉柱、王宗秀、周新桂、康志宏、文志刚、李 涛、李会军、杨欣德、徐耀辉、鄢犀利

完成单位: 中国地质科学院地质力学研究所

成果简介: (1) 系统划分了中国西北地区发育的主要构造体系(纬向系、西域系、河西系、歹字型、山字型、经向系),详细论述了各构造体系组成、形态、分布范围、规模、发展演化史及其六种基本特征(阶段性、继承性、迁移性、差异性、转换性、复杂性),进一步总结了构造体系复合、联合的六种关系(斜接、反接、截接、重叠、包容、改造);(2) 首次恢复了古构造体系控制下的盆地原型,探讨了西北地区主要盆地构造应力场特点,论述了构造体系控盆、控油气源区、控含油气体系、控油气聚集带规律,建立了六种低序次扭动构造控油气田模式(帚状、旋扭、雁列、反 S 型、入字型、叠瓦构造);(3) 查证中国西北地区古生界未发生区域变质,首次报道了柴达木盆地发现石炭系液体油苗,结合对其他成藏条件的分析,认为西北地区目前勘探程度较低的石炭系–二叠系油气潜力巨大;(4) 以构造体系控油为主线,进行了西北地区主要盆地油气资源前景评价,指出了油气聚集有利区。评价优选的一级区内发现 10 多个油气田,对油气地质理论研究和油气勘探具有重要的指导意义。

德令哈旺尕秀煤矿剖面石炭系油苗

亚洲地下水系列图

主要完成人: 张发旺、程彦培、董华、黄志兴、田廷山、倪增石、高昀、唐宏才、刘坤、张健康

完成单位: 中国地质科学院水文地质环境地质研究所、中国地质环境监测院

成果简介: "亚洲地下水系列图"属于地质调查项目"亚洲地下水资源与环境地质编图"的成果,项目周期是 2008 ~ 2010 年。该成果创新性地开展了亚洲地下水系统的划分;揭示了亚洲地下水循环规律;创建了跨界含水层和谐度定量评价数学模型;拓展了多模式时空综合认知的地下水空间信息技术,构建了亚洲地下水资源与环境空间信息系统,实现了洲际地下水编图与研究技术方法的创新。该成果填补了洲际地下水资源及环境地质系列图件亚洲地区的空白,建立了亚洲地下水资源与环境信息平台,为亚洲各国自然资源开发利用、水资源规划、地质环境保护和防灾减灾提供了科学依据。该成果具有基础性、综合性和广泛适用性。这一重大国际性成果对亚洲乃至世界水资源研究将起到重要作用,对解决国际资源环境矛盾的战略需求具有深远的科学与政治意义。

亚洲地下水系列图

亚洲水文地质图

亚洲地下水资源图

矿产资源领域循环经济评价指标体系及规划方法研究

主要完成人：郝美英、赵军伟、鞠建华、郭　敏、何凯涛、崔丽琼、李　亮、顾洪枢、王文利、袁俊宏

完成单位：中国地质科学院、中国地质科学院郑州矿产综合利用研究所、中国矿业联合会

成果简介：该项目是中国地质调查局发展研究中心负责的"地质调查发展战略研究"计划项目所属工作项目（2006 ～ 2010 年）。"矿产资源节约与综合利用研究报告"成果已应用于《全国矿产资源规划 2008 ～ 2015 年》，也为《矿产资源节约与综合利用"十二五"规划》编制奠定了基础；"矿产资源领域循环经济评价指标体系研究报告"和"矿产资源领域循环经济评价指标体系指标及说明（手册）"为全面推进矿产资源领域循环经济发展提供了技术支撑；形成了"矿产资源节约与综合利用鼓励、限制和淘汰技术目录"，并由国土资源部以"国土资发〔2010〕146 号"文发布，为加强矿产资源开发利用提供了重要技术参考依据，在"矿产资源节约与综合利用专项"实施过程中发挥了重要作用；组织完成"国土资源科技发展战略研究报告"，并形成了国土资源"十二五"科学和技术发展规划（国土资发〔2011〕137 号）。编辑出版了《矿产资源节约与综合利用鼓励、限制和淘汰技术汇编》和《实施节约能源资源应鼓励地质勘查新技术及应用》论文专集，为从事地质勘查和研究工作，正确选择和运用各种技术方法和测试手段，获得高质量的准确数据，发挥重要的指导作用。

出版专著

微区和非传统同位素分析方法及应用研究

主要完成人：李延河、侯可军、秦燕、刘锋、万德芳、范昌福、段超

完成单位：中国地质科学院矿产资源研究所

成果简介：瞄准国际前沿，研发我国第一个硝酸盐和硫酸盐三氧同位素分析方法、第一个 LA-MC-ICPMS 微区原位原地 B 同位素分析方法，建立 LA-MC-ICPMS 锆石微区 U-Pb 定年和 Hf 同位素分析方法，建立 Fe、Cu、Zn 等非传统同位素分析方法，分析精密度和准确度均达到国际同类实验室先进水平。首次在新疆吐哈内陆盆地硝酸盐矿床中发现氧同位素非质量效应，证明硝酸盐为大气成因，揭示了硝酸盐迁移演化轨迹，建立大气成因硝酸盐矿床成矿模型。根据 Fe、Si、O 同位素和 S 同位素非质量效应提出，前寒武纪条带状硅铁建造是由海底热液喷气作用形成的，一套韵律层代表一次海底热液活动，阿尔戈马型和苏必利尔型铁矿为同期异相关系，两者可互为过渡，建立 BIF 成矿模型和硅铁韵律层形成新机制。

5 新华联科技奖

2014 年，评选出 13 位第三届中国地质科学院新华联科技奖获得者，其中杨经绥、赵一鸣、杨振宇、董树文 4 人获得杰出成就奖，奖金每人 10 万元；王登红、姚建新、张勤、张兆吉、章程、肖克炎、张永双、杨永亮、郝梓国 9 人获得突出贡献奖，每人奖金 5 万元。

国土资源部相关司局、新华联集团和院领导为第三届中国地质科学院新华联科技奖杰出成就奖获奖者颁奖

1. 中国地质科学院新华联科技奖 —— 杰出成就奖

杨经绥：中国地质科学院地质研究所研究员。长期从事青藏高原和造山带的岩石学和大地构造学研究。在青藏高原的地体边界、蛇绿岩、活动陆缘板块体制、地幔岩、周缘造山带隆升和建立青藏高原地体构造格架以及中国超高压变质带等方面取得一些创新性研究成果，并有诸多重要发现：建立和厘定中国西部柴北缘和东秦岭两条超高压变质带，提出沿中央造山带存在巨型超高压变质带和两期超高压变质事件的重要认识；在青藏高原南部拉萨地体中新发现二叠纪高压／超高压榴辉岩带，改变了青藏高原地体格架认识，提出古特提斯洋盆深俯冲的新认识；在西藏、俄罗斯乌拉尔和缅甸等地发现金刚石等深部矿物的基础上，提出一种新的金刚石产出类型，将其命名为蛇绿岩型金刚石。获国家自然科学二等奖、国土资源科学技术一等奖、何梁何利基金科学与技术进步奖等，于2011年当选美国地质学会会士和美国矿物学会会士。

杨经绥在俄罗斯极地乌拉尔蛇绿岩和铬铁矿区开展野外调查

赵一鸣：中国地质科学院矿产资源研究所研究员。长期从事矿床地质地球化学研究，是我国铁矿床和矽卡岩矿床学科带头人。通过对十余个典型铁矿床解剖研究，并和程裕淇先生等多次合作对中国铁矿床进行全面深入的总结研究，把我国铁矿研究提高到国际水平。对我国数十个矽卡岩矿床进行深入系统的研究；首次在湖北大冶铁矿内接触带发现广泛的钠交代现象，提出钠交代现象是矽卡岩铁矿床的重要找矿标志；发现了岩浆期镁矽卡岩；首创锰质矽卡岩和碱质矽卡岩两类新的交代建造；在我国首次发现了铝透辉石、含水枪晶石、镁铁矿、锰热臭石等十余种罕见的交代矿物。主编出版Fe、Cu、Pb-Zn等单矿种资源图八幅。近年来，在内蒙古正蓝旗主持发现、勘查和研究了一个新类型大型锐钛矿矿床。有关成果获5项地矿部科技成果和国土资源科学技术二等奖，2项优秀图书奖。曾获"全国地矿系统劳动模范"称号。

赵一鸣（右）在内蒙古正蓝旗磨石山锐钛矿矿床勘探现场

杨振宇：中国地质科学院地质力学所研究员。长期从事大地构造与古地磁学研究，主持国家杰出青年基金、自然基金重点项目和科技部重大基础研究前期（973预）科研项目等。对亚洲东部和东南亚三大地块（中国华北、华南地块、印度支那地块）的构造迁移、碰撞和拼合过程，印度板块与欧亚板块碰撞及挤压过程中印支地块早第三纪向东南方向滑移等开展了系统的研究工作；从寒武系 — 奥陶系界线及部分奥陶纪磁性地层学研究，对华北和华南地块的起源及与冈瓦纳大陆的关系进行研究；从下侏罗统磁性地层研究，分析古地磁场倒转频率的周期性变化和地核／下地幔

杨振宇在俄罗斯 Norilsk 考察西伯利亚二叠纪大火成岩省

董树文在祁连山野外

王登红在云南会泽铅锌矿考察

姚建新在西昆仑考察

张勤研发新型全自动气体发生原子荧光光谱仪

的耦合作用等，获得大量科研成果，产生了重要影响。发表论文140余篇，其中，国外核心期刊论文68篇。曾获中国地质学会首届"黄汲清青年地质科技奖"。

董树文：中国地质科学院研究员，德国艾尔福特科学院院士，美国地质学会荣誉会士。时任中国地质科学院副院长、博导、院科技委副主任、学术委副主任；兼任国际地质科学联合会执委、执行局司库；国际IGCP科学执行局委员、中国IGCP全委会秘书长、《地球学报》主编等。揭示了长江中下游成矿带深部控矿规律，指导了深部找矿并取得重大突破；系统提出晚侏罗纪板块汇聚观点，重新诠释"燕山运动"概念；将构造地质与地球物理密切结合，探测造山带深部结构，揭示深部过程；发起并主持深部探测计划，开启我国入地计划；积极参与国际合作与竞争，在国际上为中国赢得荣誉和地位。共发表论文180余篇，其中被SCI收录71篇，出版专著4部。先后获国土资源科技进步一等奖、国家野外科技工作先进个人奖、安徽省青年科技奖、中国青年科技奖、中国地质学会金锤奖等。

2. 中国地质科学院新华联科技奖 —— 突出贡献奖

王登红：中国地质科学院矿产资源研究所研究员，新世纪百千万人才工程国家级第一批人选。主要从事矿产地质工作。较为系统地厘定了中国的矿床成矿系列，与课题组同志一起在国内率先系统研究并建立了"中国成矿体系"。出版《地幔柱及其成矿作用》等专著10部，以第一作者发表论文100多篇。先后获得国务院政府特殊津贴、国家科技进步二等奖、第五届黄汲清青年地质科技奖等。

姚建新：中国地质科学院地质研究所研究员。长期从事地层古生物研究，在牙形石生物相及地层对比、青藏与华南高精度定量地层对比、二叠纪—三叠纪之交地质事件与生物大规模更替关系、二叠纪—三叠纪不同相区地层对比、三叠纪地层建阶以及造山带地层研究等方面取得重要研究成果。曾获国土资源科学技术一等奖1项。

张勤：中国地质科学院地球物理地球化学勘查研究所研究员。长期从事分析仪器研发、标准物质研制、地球化学样品分析测试方法技术研究及推广应用工作。研制了勘查地球化学样品中76种元素的配套分析方案及分析质量监控系统，为多目标地球化学调查等大项目的开展奠定了基

础。成果被全国多家地质实验室推广采用。发表论文 90 余篇，参加制定国家标准 1 项，行业标准 2 项，获实用新型专利 6 项，获国土资源科学技术一等奖 1 项、二等奖 5 项。

张兆吉：中国地质科学院水文地质环境地质研究所研究员。对华北平原地下水系统、地下水形成和演化、土地与地下水资源合理利用、生态环境演化、地下水污染特征等方面进行了系统研究，均取得了新进展，部分成果达到了国际领先水平，成果被评为中国地质科学院和中国地质学会十大科技进展，得到同行专家的认同，获得国土资源科学技术一等奖和河北省科技技术二等奖各 1 项。

张兆吉在雅安震区现场勘查

章程：中国地质科学院岩溶地质研究所研究员。长期从事岩溶碳循环与全球变化、岩溶地球化学和岩溶作用对比研究等，提出岩溶作用是一种参与短时间尺度碳循环的特殊地质作用；论证了植被恢复（石漠化治理）可显著改善表层岩溶动力系统条件，为可干预岩溶碳汇潜力估算奠定科学基础；证实岩溶区地表河流水生植物光合作用是岩溶碳汇的重要组成。获多项国土资源科学技术奖和中国地质调查成果奖。

章程考察西班牙南部岩溶

肖克炎：中国地质科学院矿产资源研究所研究员。长期从事矿产资源定量预测及勘查评价研究。发展了成矿系列综合信息矿产预测方法体系，有效指导西藏甲玛、东天山彩霞山找矿突破；研制了矿产预测评价方法指南和技术要求，指导完成了全国 25 种矿产潜力预测评价；开发了国内领先矿产预测评价系统，成为矿产预测科技人员和学生标准软件工具。获多项国家和部级科学技术进步奖、国务院政府特殊津贴、部百名跨世纪科技人才及新世纪千百万人才工程等奖项和荣誉。

肖克炎考察新疆库姆塔格钼矿

张永双：中国地质科学院地质力学研究所研究员。长期从事工程地质与地质灾害研究。结合青藏高原及周边地区重大工程规划和建设，提出了区域构造尺度的地壳稳定性与工程尺度的工程地质稳定性相结合的研究思路；提出的工程判别指标得到推广应用。近年来，探索了内外动力耦合作用成灾机理，对高烈度山区防灾减灾理论研究起到了推动作用。曾获省部级科技一等奖 2 项、二等奖 1 项，黄汲清青年地质科技奖，并荣获"全国抗震救灾模范"等荣誉称号。

张永双在龙门山地区野外考察

杨永亮：国家地质实验测试中心研究员。长期从事海洋同位素地球化学和环境地球化学研究。首次在国内开展中国近海海洋环境中二噁英类、多溴联苯醚和多氯萘等持久性有机污染物生态地球化学研究以及东亚季

杨永亮在四川巴郎山高海拔地区采集水样品

郝梓国在阿斯哈图石林考察

风区宇宙射线成因核素 ^7Be 和 ^{10}Be 地球化学示踪方法研究，提出末次冰期时黑潮仍流经冲绳海槽的 ^{10}Be 同位素证据以及东亚季风区近地表大气气溶胶中 ^7Be 浓度年平均值的纬度分布呈现正态分布模式，且在我国中纬度地区达到极大值的观点。

郝梓国： 中国地质科学院研究员。长期从事地质科技期刊编辑出版管理工作，所办刊物《地质学报》中英文版先后荣获国家期刊奖、建国 60 年有影响力的科技期刊等荣誉称号 20 余项；开创性地建成了《中国地学期刊门户网站》，带动了我国一批单学科网站的建设，为推动我国地学科技期刊国际化、精品化、网络化建设做出了突出的贡献。先后荣获国务院政府特殊津贴，新闻出版总署第五届全国百佳出版工作者、建国 60 年有影响的期刊人和新闻出版行业第二批领军人才等荣誉称号。

6 地质科技十大进展

　　2015年1月15日至1月16日，中国地质调查局、中国地质科学院2014年度成果交流与地质科技十大进展评选会在京举行。来自国土资源部、科技部、教育部、中国科学院、国家自然科学基金委员会等多家单位的34位院士、专家对45个参选项目进行投票选出2014年度"地质科技十大进展"，此次评选由中国地质调查局组织，中国地质科学院实施。

　　新思路引领松辽外围突泉盆地火山岩覆盖区钻获轻质原油、4500米级深海无人遥控潜水器"海马号"海试成功、构造岩相带新认识指导西藏罗布莎铬铁矿找矿实现重大突破、科技引领钾盐找矿突破取得重要进展、我国地下水污染调查建立全流程现代化取样分析技术体系、发现世界最大幻龙头骨及水下觅食足迹、华夏地块龙泉地区发现亚洲最古老锆石、揭示华北古老大陆地壳结构及演化过程、采用高精度综合探测技术首次实现我国管辖海域1∶100万海洋区域地质调查全覆盖、汶川地震断裂作用研究取得重要成果等10项成果入选中国地质调查局、中国地质科学院2014年度地质科技十大进展，集中代表了全国地质调查和地学研究重要进展，充分体现了地质调查工作在科技创新、成果应用与转化方面的能力与水平。中国地质科学院有4项成果入选。

会议现场

1. 科技引领钾盐找矿突破取得重要进展

青海察尔汗采取盐样剖面

中国地质科学院矿产资源研究所郑绵平院士盐湖团队在地质调查项目和国家自然科学基金重点项目联合资助下，联合柴达木综合地质矿产勘查院等单位，在柴达木盆地西部阿尔金山前第四纪早期地层发现新型砂砾富钾卤水层，根据钻探资料推算资源量 3.5 亿吨，有望成为钾盐后备基地。在塔里木库车凹陷发现厚达百米的古近纪含钾盐矿层，氯化钾达工业品位盐层厚度为 41 米；在四川盆地发现三叠系杂卤石，既是深层富钾卤水钾重要来源，更是宝贵的缓释钾肥；对上扬子盆地 13 个储卤构造富钾卤水矿进行评估，估算氯化钾资源量 4917 万吨；在滇西南勐野井建立钾盐二层楼成矿模式，大幅度缩小陕北奥陶系盐盆找钾靶区，海相钾盐找矿突破崭露曙光。

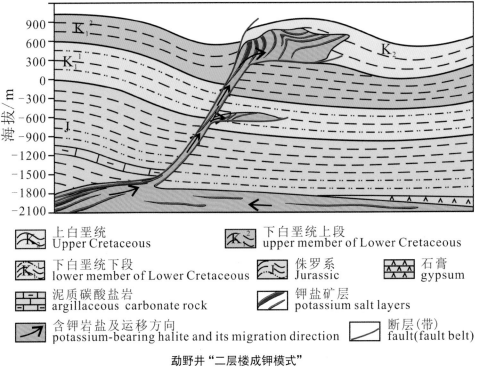

	上白垩统 Upper Cretaceous		下白垩统上段 upper member of Lower Cretaceous
	下白垩统下段 lower member of Lower Cretaceous	侏罗系 Jurassic	石膏 gypsum
	泥质碳酸盐岩 argillaceous carbonate rock	钾盐矿层 potassium salt layers	
	含钾岩盐及运移方向 potassium-bearing halite and its migration direction	断层（带） fault(fault belt)	

勐野井"二层楼成钾模式"

2. 我国地下水污染调查建立全流程现代化取样分析技术体系

中国地质科学院水文地质环境地质研究所牵头，国家地质实验测试中心、中国地质大学（北京）、西北大学、清华大学参与完成，孙继朝研究员、刘景涛副研究员团队在地质调查项目资助下，成功研制系列取样器并解决痕量组分采集技术难题，发展高效实用的现场调查技术及离线萃取技术，快速准确地查明了重点地区地下水污染状况；通过高分辨率遥感解译调查土地利用类型与污染源分布；构建了有机分析实验平台，对全国33个实验室实现网络远程质量监控；获国家发明专利2项、实用新型专利20项，显著提高了我国地下水污染调查评价技术水平。

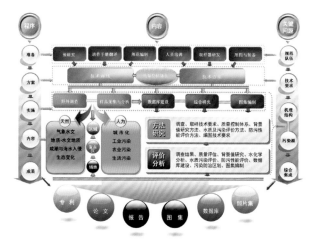

地下水污染调查评价技术框图

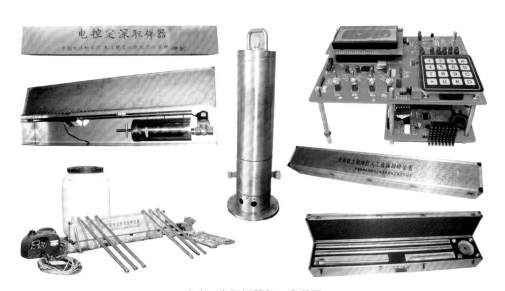

自主研发取样器与配套装置

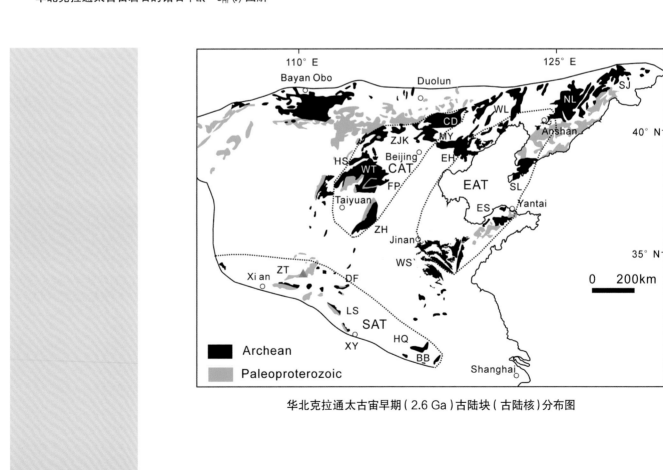

华北克拉通太古宙岩石的锆石年龄 $-\varepsilon_{Hf}(t)$ 图解

3. 揭示华北古老大陆地壳结构及演化过程

中国地质科学院地质研究所万渝生研究员团队在地质调查项目与国家自然科学基金项目联合资助下，通过精度测年和综合研究，在冀东地区发现大量 38 亿～35 亿年形成的碎屑锆石，在鞍山地区发现 38 亿～31 亿年多期岩浆活动，证明鄂尔多斯地块强烈卷入古元古代晚期构造热事件，首次在华北克拉通划分出三个年龄大于 26 亿年的古陆块，深化了华北克拉通早期地壳演化、壳幔相互作用及沉积变质铁矿的认识。相关成果在《前寒武纪研究》、《冈瓦纳研究》、《美国科学》等国际学术期刊发表，受到国内外专家好评。

华北克拉通太古宙早期（2.6 Ga）古陆块（古陆核）分布图

4. 汶川地震断裂作用研究取得重要成果

　　中国地质科学院地质研究所李海兵研究员团队在科技部项目、国家自然科学基金项目、地质调查项目联合资助下，联合中国地质科学院地质力学研究所等单位，详细研究汶川地震破裂带性质、破裂过程、地震断裂带结构、大地震的断裂弱化机制与强化作用，揭示了龙门山断裂带的地震断裂、蠕变断裂及变形机制，分析了石墨层与大地震的关系，测出世界上最低的断层摩擦系数，首次记录到大地震后断裂快速愈合过程信息，完善了地震断裂理论，对深化认识汶川地震机理具有重要意义。主要成果在《科学》、《地质学》、《构造物理》等国际核心期刊发表，产生了重要的学术影响。

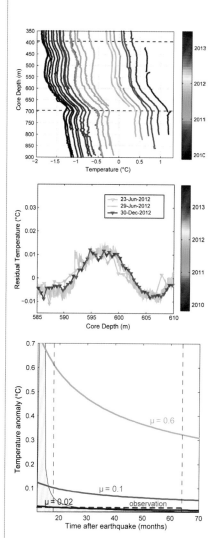

汶川地震断裂带科学钻探工程 1 号钻孔（WFSD-1）长期测温数据图

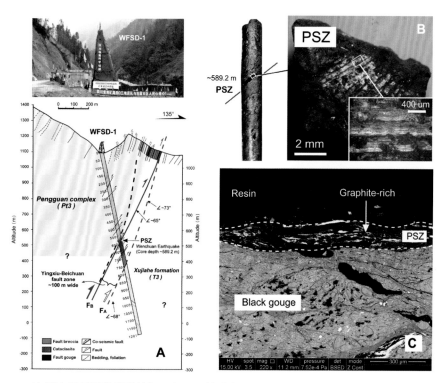

汶川地震断裂带科学钻探工程 1 号钻孔（WFSD-1）岩心中主滑移带特征图

重点实验室与科技条件平台建设

重点实验室与科技平台建设是中国地质科学院科技创新的主体，是学科发展和培育的重要载体，是集聚和培养高层次科技创新人才的重要场所。

截至 2014 年底，中国地质科学院拥有国际化平台 2 个，国家级科技平台 4 个，国土资源部重点实验室 14 个，中国地质调查局重点实验室 5 个，中国地质科学院重点实验室 9 个，此外还有 5 个国土资源科普基地、4 个国土资源部级检测中心、11 个中国地质调查局业务中心、15 个国土资源部野外观测基地；正在建设中国地质科学院京区地质科研实验基地。

2014 年度，实验室和科技平台研究成果丰富，科技成果显著，学术交流活动丰富多彩，科技人才辈出，提高了全院科学研究水平，增强了全院的科技创新能力。

国际化平台

序号	名　　称	依托单位	主任
1	联合国教科文组织国际岩溶研究中心	岩溶地质研究所	姜玉池
2	联合国教科文组织全球尺度地球化学国际研究中心	地球物理地球化学勘查研究所	韩子夜

国家级平台

序号	名　　称	依托单位	主任
1	大陆构造与动力学国家重点实验室	地质研究所	许志琴
2	北京离子探针中心（国家科技基础条件平台）	地质研究所	刘敦一
3	国家现代地质勘查工程技术研究中心	地球物理地球化学勘查研究所	韩子夜
4	岩溶动力系统与全球变化国际联合研究中心	岩溶地质研究所	姜玉池

国土资源部重点实验室

序号	名　称	依托单位	主任
1	国土资源部大陆动力学重点实验室	地质研究所	许志琴
2	国土资源部同位素地质重点实验室		朱祥坤
3	国土资源部地层与古生物重点实验室		姬书安
4	国土资源部深部探测与地球动力学重点实验室		高　锐
5	国土资源部成矿作用与资源评价重点实验室	矿产资源研究所	毛景文
6	国土资源部盐湖资源与环境重点实验室		郑绵平
7	国土资源部新构造运动与地质灾害重点实验室	地质力学研究所	吴树仁
8	国土资源部古地磁与古构造重建重点实验室		杨振宇
9	国土资源部生态地球化学重点实验室	国家地质实验测试中心	庄育勋
10	国土资源部地下水科学与工程重点实验室	水文地质环境地质研究所	陈宗宇
11	国土资源部地球化学探测技术重点实验室	地球物理地球化学勘查研究所	王学求
12	国土资源部地球物理电磁法探测技术重点实验室		方　慧
13	国土资源部岩溶生态系统与石漠化治理重点实验室	岩溶地质研究所	蒋忠诚
14	国土资源部岩溶动力学重点实验室		袁道先

中国地质调查局重点实验室

序号	名　称	依托单位	主任
1	中国地质调查局地应力测量与监测重点实验室	地质力学研究所	陈群策
2	中国地质调查局地下水污染机理与修复重点实验室	水文地质环境地质研究所	韩占涛
3	中国地质调查局元素微区与形态分析重点实验室	国家地质实验测试中心	詹秀春
4	中国地质调查局地球表层碳—汞地球化学循环重点实验室	地球物理地球化学勘查研究所	成杭新
5	中国地质调查局岩溶塌陷防治重点实验室	岩溶地质研究所	雷明堂

中国地质科学院重点实验室

序号	名　称	依托单位	主任
1	中国地质科学院地应力测量与监测重点实验室	地质力学研究所	陈群策
2	中国地质科学院页岩油气调查评价重点实验室		王宗秀
3	中国地质科学院 Re-Os 同位素地球化学重点实验室	国家地质实验测试中心	屈文俊
4	中国地质科学院元素微区与形态分析重点实验室		詹秀春
5	中国地质科学院地下水污染机理与修复重点实验室	水文地质环境地质研究所	韩占涛
6	中国地质科学院年轻沉积物年代学与环境变化重点实验室		赵　华
7	中国地质科学院地球表层碳—汞地球化学循环重点实验室	地球物理地球化学勘查研究所	成杭新
8	中国地质科学院岩溶塌陷防治重点实验室	岩溶地质研究所	雷明堂
9	中国地质科学院 合肥工业大学 矿集区立体探测重点实验室	矿产资源研究所 合肥工业大学	吕庆田

中国地质调查局业务中心

序号	名　　称	依托单位
1	全国地质编图研究中心	
2	中国地质调查局地层与古生物研究中心	
3	中国地质调查局三维地质调查研究中心	地质研究所
4	中国地质调查局大陆动力学研究中心	
5	中国地质调查局全球气候变化地质研究中心	岩溶地质研究所
6	中国地质调查局矿产资源成矿规律与成矿预测研究中心	矿产资源研究所
7	中国地质调查局地球深部探测中心 （中国地质科学院地球深部探测中心）	中国地质科学院（院部）
8	中国地质调查局地热资源调查研究中心	水文地质环境地质研究所
9	中国地质调查局新构造与地壳稳定性研究中心	地质力学研究所
10	中国地质调查局土地质量地球化学调查评价研究中心	地球物理地球化学勘查研究所
11	中国地质调查局地质分析测试技术标准研究中心	国家地质实验测试中心

国土资源科普基地

序号	命　名　单　位	依托单位	推荐单位
1	中国岩溶地质馆	岩溶地质研究所	
2	李四光纪念馆	地质力学研究所	
3	地下水科学与工程试验基地	水文地质环境地质研究所	中国地质调查局
4	罗布泊钾盐研究与资源利用科学观测站	矿产资源研究所	
5	国土资源部盐湖资源与环境重点实验室		

国土资源部质量监督检测中心

序号	名　　称	监测范围	承担单位
1	国家地质实验测试中心	有色、黑色、稀有稀散、贵金属等金属矿产、非金属矿产、能源矿产及产品；生态地球化学环境（包括土壤、矿石、矿物、沉积物、水质、气体、生物等）；地下水、矿泉水、海水	国家地质实验测试中心
2	国土资源部地下水矿泉水及环境监测中心	地下水、地表水、矿泉水及产品；水文地球化学环境、矿山地质环境和农业地质环境（包括土壤、水质、气体、岩石、矿物、沉积物、生物等）；第四纪地质环境（包括沉积物年代、孢粉、微体、岩矿鉴定、古地磁实验等）；工程地质及环境（包括土工试验、岩石物理力学实验、岩土微结构分析、工程地质检测等）	水文地质环境地质研究所
3	国土资源部地球化学勘查监督检测中心	铁矿石、锰矿石、铬铁矿、铜矿石、铅矿石、锌矿石、多金属矿、钒钛磁铁矿等产品.	地球物理地球化学勘查研究所
4	国土资源部岩溶地质资源环境监督检测中心	岩溶地质、生态地球化学环境、矿山地质环境及农业地质环境（包括土壤、水质、气体、岩石、矿物、沉积物、生物等）；岩溶地下水、矿泉水；金属、非金属；岩石物理性质及土工试验	岩溶地质研究所

国家级平台

1. 大陆构造与动力学国家重点实验室

总体定位：以基础研究为主，与公益性应用相结合。以大陆动力学理论为指导，应用相关的高技术手段，以解决中国大陆若干重大关键科学问题为目标，进行多学科前沿基础研究，并结合和引领地质基础调查，为国家资源、能源、防灾的需求服务。

2014 年 4 月 9 日，经过两年的建设，"大陆构造与动力学国家重点实验室"通过了科技部组织的正式验收，成为国土资源部首个国家重点实验室。经科技部批准，获得 2014 年运行经费 665 万元。

2014 年 4 月 9 日，科技部专家组对实验室进行正式验收

重要工作进展

2014 年 11 月 19 日，曾令森研究员获得国家杰出青年科学基金项目 400 万元的资助（国土资源部空缺近 8 年）。许志琴院士、高锐、刘福来和朱祥坤研究员获得 2014 年国家自然科学重点基金 4 项。

实验室领衔实施中国大陆科学钻探整合计划，完成汶川地震科学钻探和雅鲁

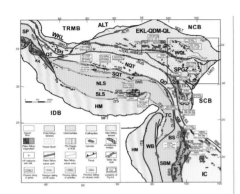

青藏高原古特提斯构造格架图

藏布江等 13 口钻井，牵头实施了中国大陆深部探测的 4 条深地震反射大剖面。青藏高原、中央造山带、地壳探测等计划项目及所属的工作项目顺利通过结题验收，其中 10 个工作项目获得优秀。在青藏高原大陆动力学、地幔深矿物发现和中央造山带的构造格架等方面取得创新性成果。在西藏蛇绿岩豆荚状铬铁矿中发现具有壳源同位素特征的金刚石和其他超高压矿物包裹体，开启了研究岩石圈中蛇绿岩地幔岩演化的一个全新的研究领域。通过俯冲作用进入地幔的蛇绿岩橄榄岩经历的地壳物质再循环的证据给地球科学界提供了一个极具挑战性新的研究机遇! 提出了祁连 — 阿尔金造山带经历了早古生代与增生和碰撞造山作用有关的多阶段变质作用的认识；提出青藏高原印支碰撞造山系的造山类型和造山过程，提出青藏高原古特提斯体系是由东基莫里和西华夏陆块拼合的结果。

组织国际刊物专刊 3 期 (Tectonophysics, Gondwana Research, Journal of Asian Earth Science)，国内 SCI 专刊 1 期 (岩石学报)。发表论文 149 篇，其中 SCI 检索论文 109 篇 (国际 SCI 论文 76 篇)，EI 检索论文 4 篇，核心期刊论文 36 篇。

"大陆构造与动力学国家重点实验室"所属的"微区物质结构和组构实验室"基本建成，新增 4 套大型仪器设备。

由中国地质科学院牵头的中国地质调查"青藏高原能源和资源综合调查工程"项目 (2015 ～ 2021 年) 申请成功。许志琴院士为工程首席科学家，杨经绥、侯增谦研究员为计划项目首席科学家。

积极开展国际合作与交流，组织召开蛇绿岩、地幔作用及其相关矿床国际学术研讨会，发起成立国际"地幔研究中心"，影响很大。

蛇绿岩、地幔作用和有关矿床国际学术研讨会

2. 北京离子探针中心（国家科技基础条件平台）

北京离子探针中心是由科技部和财政部共同认定的首批国家科技基础条件平台。主要从事地质年代学和宇宙年代学研究；发展定年新技术新方法；进行必要的矿物微区稀土地球化学研究；解决重大地球科学研究课题中的时序问题，特别是太阳系和地球的形成及早期历史研究；主要造山带的构造演化研究；地质年代表研究；大型和特殊矿床成矿时代研究并从事科学仪器研发。

核心仪器是两台 SHRIMP II (Sensitive High Resolution Ion Microprobe II) 大型二次离子探针质谱计。2014 年，中心单台 SHRIMP 仪器的科研论文产出 158 篇（其中英文 SCI 检索论文 84 篇），保持世界同类仪器第一位的水平。

2014 年 8 月，科技部国家科技基础条件平台中心发布 2013 年度国家科技平台用户满意度调查报告。报告显示，北京离子探针中心的总体满意度位列 21 家国家科技基础条件平台之首。

重大项目及科研进展

中心承担的国家重大科学仪器设备开发专项《同位素地质学专用 TOF-SIMS 科学仪器》，主要部件均已加工并完成单独调试，2014 年 10 月启动了仪器整机的总装配和总调试工作。

汪民副部长在中国地质调查局重点实验室建设现场会上作重要讲话

参观北京离子探针中心

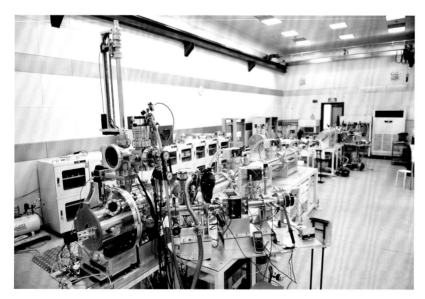

中心研发的两台 TOF-SIMS 仪器整机（已组装完成，进入总调试）

"运用地球化学和同位素方法研究地壳演化"
国际讲座

鲁西地区国际野外地质考察活动

2014年3月20日上午，中国地质调查局在北京离子探针中心召开重点实验室建设现场会。国土资源部党组成员、副部长，中国地调局党组书记、局长汪民出席会议并作重要讲话。

中心及中国国际前寒武研究中心（IPRCC）主办了两项重要国际学术活动——"运用地球化学和同位素方法研究地壳演化"国际讲座和鲁西地区国际野外地质考察活动，对提高我国前寒武地质研究水平和培养年轻地质工作者起到了重要的推动作用。

3. 国家现代地质勘查工程技术研究中心

重点领域：矿产资源勘查、油气及非常规能源勘查、环境生态地球化学调查与评价、地热勘查、地质灾害调查与评估、地球化学标准物质研制、地质分析测试技术、仪器设备研发、方法技术完善与成果推广应用、水文地质与工程地质勘查等。依托中国地质科学院地球物理地球化学研究所（"一套人马"）。

4. 岩溶动力系统与全球变化国际联合研究中心

定位：通过国际科技合作，分享当今世界最新的资讯和成果；积极利用国际科技资源，服务国家经济社会发展的大局；同时在岩溶动力系统运行规律与岩溶作用对全球碳循环的意义及碳汇效应、石笋高分辨率古气候记录、应对极端气候岩溶含水层管理和脆弱岩溶生态系统对全球变化的响应等四个方面取得创新性成果，尤其是在发展中国家的岩溶区资源环境问题对策，起引领和示范作用。依托中国地质科学院岩溶地质研究所和联合国教科文组织国际岩溶研究中心（"一套人马"）。

国土资源部重点实验室

1. 国土资源部同位素地质重点实验室

主要研究方向：大陆科学钻探（板块会聚边界动力学；现代地壳作用）；中国巨型超高压变质带及南北板块汇聚；青藏高原的地体拼合及碰撞动力学。

2014年度同位素热年代学实验室（氩—氩年代学实验室和（U-Th）/He年代学实验室）承担了同位素测年实验技术方法研究和地质应用研究项目多项，其中：地调项目1项、公益性行业专项1项、国家自然科学青年基金1项、所基本科研业务费项目1项，结题国家科技基础性工作专项项目1项。第一作者发表论文8篇，其中国际SCI检索论文2篇，国内SCI检索论文3篇，国内核心期刊论文3篇。

重要成果

金属矿床勘查急需的同位素测年技术方法研究初步建立了单颗粒锆石氦气提取和净化实验流程、含超细矿物样品Ar气提取—净化—质谱分析实验流程，4He分析精度优于千分之五，40Ar峰值质谱测量精度最高可达十万分之五。(U-Th)/He低温热年代学技术在含油气盆地应用研究中取得重要进展，研究表明(U-Th)/He低温热年代学技术在油气勘探中具有可观的应用潜力，相关成果已经在《Tectonophysics》上发表。西准噶尔晚石炭世洋脊俯冲过程研究，厘定出特殊岩墙组合（320～290Ma），结合同期其他特殊岩石组合，指示西准噶尔地区晚石炭世为伸展、高热环境，与新生代环太平洋俯冲带内洋脊俯冲环境下形成的岩浆岩组合相一致，西准噶尔地区晚石炭世同时出现的上述特殊岩浆岩组合为洋脊俯冲的产物，同时提出洋脊俯冲在西准噶尔乃至中亚造山带的大陆地壳生长、铜金成矿中可能发挥了重要作用，相关研究成果在国际地学期刊《Gondwana Research》等公开发表。南天山洋古生代期间俯冲作用过程研究初步认为塔里木板块北缘至少在志留纪时期已由被动大陆边缘转变成活动大陆边缘，中泥盆世开始又转变为被动大陆边缘；早古生代阶段南天山洋的演化以双向俯冲为主，向南为短期、脉冲式或间歇式的正常高角度俯冲过程，至中泥盆世结束；向北则为长期、多阶段性的俯冲。同位素热年代学实验室完成了纳诺帕高真空熔样炉的改造、气体净化系统的改造和验收、配置了偏光立体显微镜。

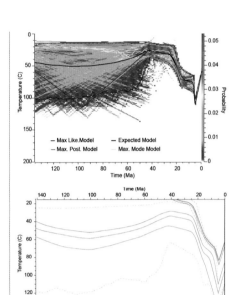

库车盆地单样品（上1）及多样品（上2）
热演化史模拟（QTQt软件模拟）

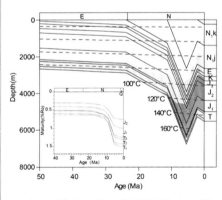

库车盆地热史、生烃史演化（依南2井）

库车盆地吐孜洛克气田油气成藏事件图

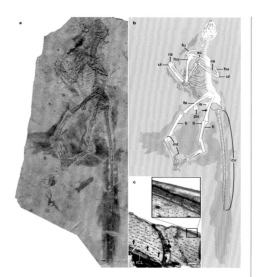

建昌奔龙类化石

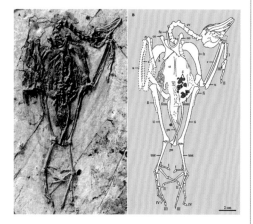

甄氏甘肃鸟化石

措勤盆地东缘班戈县保吉乡地区上二叠统和
下三叠统地层接触界面

2.国土资源部地层与古生物重点实验室

主要研究方向：立足于地球科学前沿和社会发展的需求，发展地层与古生物学重大基础理论，解决国土资源调查中的关键地层古生物问题，建立和完善新的技术方法体系；开展生命早期演化过程、生物更替与地质环境变迁、重要地层断代对比等基础研究。

截至 2014 年底，实验室共有在职人员 19 人，其中研究员 7 人（博士生导师 2 人、硕士生导师 3 人）、正高 1 人、副研究员 2 人，博士后 4 人。承担地调计划项目 1 项"全国重要区域地层系统与关键生物群系统演化调查"，新开项目 3 项、续作项目 1 项，获国家自然科学基金项目 5 项，其中面上基金 2 项，青年基金 3 项。出版专著 2 部，发表论文 28 篇。邀请国外专家做学术报告 1 人次、出国主持或参加学术会议 2 人次，参加在国内召开的国际学术会议和全国学术会议约 30 人次并做报告约 20 人次。

重要成果

最新发现喀左甲龙类化石和建昌奔龙类化石；在辽西建昌义县组地层中发现朝阳喜水龙化石群；新确立甘肃鸟属新种——甄氏甘肃鸟，为研究中生代鸟类分化提供了重要信息；初步提出峡东地区埃迪卡拉纪年代地层划分方案，建立了目前全球最为完整的单剖面埃迪卡系碳同位素变化曲线及疑源类生物地层；"江南造山带"板溪群和冷家溪群 SHRIMP U-Pb 同位素年代地层学研究取得新进展，为武陵运动和四堡运动的年代学研究提供了新的时代证据；在新疆准噶尔盆地西北缘晚泥盆世——早石炭世菊石动物群研究上取得新进展，建立 7 个菊石组合带，与西欧同时代地层可对比，在西准识别出 Hangenberg 及 Annulata 地质事件；根据小壳类化石的研究提出早寒武世镇巴——房县地块生物古地理的新认识，是独立地台而不是扬子板块边缘；通过牙形石研究在革吉县文布当桑地区发现二叠——三叠系界线剖面；在贵州铜仁首次发现圆盘状完整的似 Kulingia 碳膜化石，可以对比国外伊迪卡拉纪广泛出现的盘状印痕化石，对重新厘定其生物属性和国内外地层对比意义重大；在措勤盆地东缘班戈县保吉乡地区新发现含有沥青脉的上侏罗统礁滩相地层，这是继海相上二叠统和三叠系发现之后的又一重大地层发现，极大提升了措勤盆地的油气勘探的价值和地位。

3. 国土资源部深部探测与地球动力学重点实验室

定位：发展深部探测技术，进行地球深部结构探测与地球动力学研究，为资源勘查、防灾减灾及地学理论创新提供科技支撑，其特色与优势在于运用深部探测技术集成，开展重要构造单元、成矿区的深部结构精细探测，建立自地表至地幔的三维结构与动力学模型。

2014年，承担各类项目26项，其中国家专项1项，"973"项目1项，国家自然科学重点基金项目2项、面上基金项目5项、青年基金项目6项，5个公益类行业科研专项，7个地调项目。发表SCI检索论文23篇，其中国际SCI检索论文9篇，国内SCI检索论文4篇，核心期刊论文10篇。

依托已有项目经费设立了8项开放项目，累计经费达500万元。培养博士后4人、博士生7人、硕士6人。引进中美联合培养博士后郭晓玉归国工作，聘请澳大利亚Mckay Brooke Resources矿业公司高级地质师Zhuwei Jiang为客座研究员、高级访问学者。

重要成果

"深地震反射剖面探测实验与地壳结构"项目，完成了深地震反射剖面数据采集实验4552千米和数据处理实验4952千米，大幅度提高我国深地震反射剖面探测工作程度。首次获得青藏高原腹地巨厚地壳精细结构与连续展布的深反射Moho，为青藏高原地球动力学研究提供新的约束；建立了青藏高原东缘地壳块体侧向挤压高角度仰冲变形的动力学模型；获得青藏高原正以地壳尺度低角度逆冲作用向北部外围克拉通扩展，已经越过青藏高原北边界海原断裂的反射地震学证据；发现四川盆地下古老的俯冲构造，为恢复扬子克拉通形成、再造华南大陆复杂构造格局，提供出重要证据；解释了古亚洲洋沿索伦缝合带关闭、陆陆碰撞和碰撞后地壳增生的深部过程；发现松辽盆地处于两个板块汇聚作用的中心，提出松辽盆地的形成受到蒙古—鄂霍茨克洋和太平洋板块的汇聚影响。

"宽频带地震观测实验与壳幔速度研究"项目完成宽频地震观测实验剖面13条，共计599个台（点），获取连续记录波形数据4532.6 GB。根据接收函数获得我国大陆Moho深度和地壳平均Vp/Vs比值，通过走时层析成像方法获取了P波速度模型和Sv波速度模型以及我国大陆上地幔各向异性特征。制作深部探测技术与成果科普视频一部，科普读物5册。

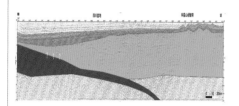

深地震反射剖面发现四川盆地下古老的俯冲构造

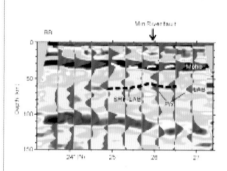

宽频带观测发现华南大陆沿海带地壳与岩石圈厚度均减薄

4. 国土资源部成矿作用与资源评价重点实验室

重点实验室学术委员会会议

申报国家重点实验室进展汇报会

第十二届全国矿床会议

定位及研究方向：紧密围绕国家目标和经济社会需求，研究成矿作用过程和成矿背景，发展矿床成矿理论；开展区域成矿规律研究，发展区域成矿理论，进行区域矿产资源潜力评价和成矿远景区划；研究解决矿产资源调查评价中的重大科学问题，研发矿产资源调查评价的新技术、新方法；开展大型典型矿床的勘查示范研究；矿产资源战略研究。

实验室学术委员会顺利换届。面向国家建设，增设矿产资源战略研究新方向，为国家矿产资源宏观决策提供支撑。成功举办重点实验室进展汇报会，成果得到专家高度评价，并被推荐申报国家重点实验室。

成功举办了第十四届国际矿床成因协会大会，第十二届全国矿床会议（矿床学界最大的一次盛会，与会代表千余人）。

毛景文任国际经济地质学家协会理事，这是中国学者首次在该组织任职，并应邀出任《Journal of Geochemical Exploration》副主编；程彦博博士任国际矿床成因协会稀缺金属委员会秘书长。

发表 SCI 检索论文 69 篇，其中国际 SCI 检索论文 40 篇，国内核心论文 116 篇，出版专著 7 部；获国家发明专利 3 项；获国土资源科学技术二等奖 1 项，中国黄金协会科学技术一等奖 1 项。

实验室科学家基于理论创新，与地勘队伍和矿业公司密切合作，推动找矿实现重大突破。在川西甲基卡矿山外围探明了 60 万吨锂矿，达到超大型规模；在西藏甲玛矿区外围的逆掩断层之下发现和探明大型富铜矿体；在新疆东准琼河坝预测探明隐伏大型铜铁金矿；在滇西北衙金矿增储黄金 80 吨；2003 年实验室科技人员在豫西鱼库铅锌矿坑道内发现的矽卡岩型钼矿化，迄今已经探明为一个具有 80 万吨储量的超大型矿床。

5. 国土资源部盐湖资源与环境重点实验室

主要研究方向：盐湖与盐类矿产的成矿规律、资源评价和综合利用的理论与方法研究；盐湖（湖泊）环境与全球变化研究；盐湖农业、盐湖生态与健康研究。

2014 年，共承担项目 22 项，其中国家自然科学基金项目 6 项，"973"课题 3 项，公益性行业科研专项 1 项，"钾盐资源调查评价"地调计划项目 1 项，承担地调工作项目 9 项，其他项目 3 项，经费 2700 万元。发表论文 44 篇，其中 SCI（EI）检索论文 9 篇，会议论文 22 篇。出版专著 1 部，获国家发明专利 1 项。

在柴达木盆地西部阿尔金山前、塔里木库车凹陷、四川盆地、滇西南勐野井等取得找钾突破。"科技引领钾盐找矿突破取得重要进展"获中国地质调查局、中国地质科学院 2014 年度地质科技十大进展。

承办了第十二届国际盐湖会议。来自中国、俄罗斯、澳大利亚、美国、以色列、巴西、伊朗、克罗地亚、埃及、西班牙、阿根廷及哈萨克斯坦等国家的 200 多名与会专家学者，紧紧围绕"未来盐湖 — 全球可持续性研究与发展"这一深刻而长远的主题展开探讨，对全球变化与盐湖记录、盐湖生态与生物资源、盐类地质学与资源勘查及盐类化工等内容进行了研讨，共同为盐湖未来的科学研究、资源综合利用及保护建言献策。会后还组织了青海盐湖和山西运城盐湖地质考察。

"科技引领钾盐找矿突破取得重要进展"
获 2014 年度地质科技十大进展

国际盐湖会议专家在考察运城盐湖时体验古代铲盐工艺

承办第 12 届国际盐湖会议

西科 1A 井千米深孔地应力测量现场

张永双研究员参加 IAEG2014 会议

6. 国土资源部新构造运动与地质灾害重点实验室

实验室主要从事新构造与活动断裂、重大地质灾害形成机理与成灾模式研究，探索重大地质灾害预测评价理论与技术方法，建立活动构造与地质灾害减灾防灾科技交流平台和研究基地，为国家减灾防灾战略提供决策依据和技术支撑。目前已初步形成新构造运动 — 构造地貌 — 活动断裂 — 地震地质 — 现今构造应力场 — 区域地壳稳定性 — 重大地质灾害成灾模式与风险控制系统研究特色和平台。

2014 年，主持中国地质调查局工程 1 项，项目 3 项，子项目 20 个；国家自然科学基金项目 14 项，科技支撑项目 4 项，基本科研业务费项目 15 项，公益性行业科研专项 7 项，海保工程项目 4 项，横向项目 16 项；新获批国家自然科学基金项目 8 项。获国土资源科学技术一等奖 1 项。参加国内外学术会议 56 人次；出国合作交流 3 批 6 人次；举办 7 次学术沙龙活动；邀请国外专家来访 3 批 38 人次。发表论文 82 篇，其中 SCI 检索论文 22 篇，EI 检索论文 11 篇，核心期刊论文 29 篇，出版专著 3 部，获批国家专利 4 项。实现我国远海海域第一次深孔地应力测量 —— 三沙石岛西科 1A 井千米深孔地应力测量；研发工程滑坡灾害快速评估方法，提出了地震扰动区泥石流早期预警指标体系。

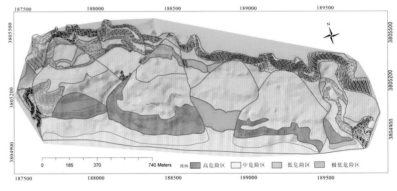

蔡家坡工程扰动区滑坡活动强度及危险性评估图

7. 国土资源部古地磁与古构造重建重点实验室

古地磁实验室是 1963 年在李四光教授亲自指导下创建的国内第一家古地磁实验室。研究方向：继承与发扬李四光先生地质力学理论，应用古地磁学方法，结合野外地质学、地球物理学、地球化学等多学科交叉为手段，继续深入研究古构造重建、古环境重塑、典型地层磁性定年以等基础地质问题。

2014 年 1 月召开了实验室学术年会，会议分别由地质力学研究所马寅生副所长和学术委员会主任郑绵平院士主持。实验室主任杨振宇研究员首先就实验室的工作进展做了总结，对一年来实验室在发展和古地磁学等领域做出的研究成果上作了回顾和梳理，并对实验室的工作环境和运行管理机制进行了详细汇报。

重要成果

阿拉善地块前中生代构造归属新认识：对河西走廊带—阿拉善地块中晚泥盆世—早中三叠世沉积地层进行了碎屑锆石 U-Pb 同位素测年、Hf 同位素分析和古地磁研究，指示阿拉善地块在晚古生代很可能不是华北地块的组成部分。该项成果对华北地块构造格局传统认识提出了挑战。

野外工作

实验室年会和第一届学术委员会会议

野外考察华南板块前寒武莲坨组地层顶部

a

b

处理后的水可以养鱼（鱼苗（a），5个月后的鱼（b））

8. 国土资源部生态地球化学重点实验室

定位及研究方向：以生态地球化学理论为指导，以国民经济建设和社会发展需求为导向，以生态地球化学基础理论研究和应用研究为主体，以促进人类生态地球化学良好环境，促进和谐科学发展为宗旨，建立国内一流、世界知名的生态地球化学实验室。拥有生态地球化学研究团队和生态地球化学研究技术支持团队。

2014年共发表论文25篇，其中SCI（EI）检索论文7篇。获授权专利1项。

重要成果

公益性行业科研专项《金属矿山重金属污染土壤的地球化学工程控制修复技术开发与示范》，在材料开发、工艺流程和修复机理等关键科学问题上有所创新，在矿山酸性废水的源头控制技术上作了新的尝试，成为利用地球化学工程技术对酸性矿山废水重金属污染控制和防治的典范。

有机污染物的生态地球化学行为研究认为，季风环流对POPs在我国高海拔地区的大气长距离迁移过程中扮演着重要的角色。以宇宙射线成因核素7Be作为大气环流的参照系，可以得出东亚季风区大气环流可影响持久性有机污染物纬度分布的结论。

完成了地下水中主要有机污染物分析方法体系建设；建立了地下水中94种农药、42种半挥发性有机污染物分析方法。

利用地球化学工程技术治理酸性矿山废水示范工程取得显著效果，处理后的水可以用来养鱼。

示范工程现场

9. 国土资源部地下水科学与工程重点实验室

定位及研究方向：面向国家重大需求和学科发展前沿，研究地下水可持续利用方面的重大前沿基础科学问题和关键科学技术问题，形成自主创新成果，引领我国地下水循环演化和地下水可续性前沿基础科学研究，推进国内、国际科技合作，营造有利于促进创新人才成长的环境，为提高区域地下水利用的安全性和保障能力以及相关国土资源环境问题提供重大科技支撑。

共承担各类项目 22 项，其中牵头"973"项目 1 项，公益性行业科研专项 1 项，承担国家自然基金项目 11 项，地质调查项目 9 项。参加国际学术会议和技术培训 10 人次，国内外知名学者来访 7 次。通过多学术交流，及时了解国内外研究动态，学习先进经验，取得了良好效果。

牵头的首个地下水领域国家重点基础研究发展计划（973）"华北平原地下水演变机制与调控"项目通过科技部组织的验收。复建了华北平原 60 年来地下水动力场演变特征，识别了地下水动力场对人类活动和自然变化的响应规律，构建了地下水危机临界识别指标，提出缓解华北平原地下水危机的调控措施，显著提升了我国大型盆地地下水系统研究的整体水平，为缓解华北平原水资源紧缺提供了重要的科技支撑。

国家自然科学基金重点项目"群矿采煤驱动下含水层结构变异对区域水循环影响机制研究"，基本掌握采空区裂隙发育特征及渗透性变化规律，建立了典型矿区含水层空间结构变异数值模型，创造性提出采空区渗透性跃变曲面"椭抛凹形体"概念。

中国科学技术大学胡水明教授到实验室进行学术交流

"华北平原地下水演变机制与调控"（973）项目课题结题讨论会议（石家庄）

陈宗宇研究员参加 IAEA-CRP 项目工作会议（奥地利维也纳）

国际地科联罗兰德·奥博汉斯利主席访问实验室

10. 国土资源部地球化学探测技术重点实验室

定位及研究方向：面向国际学科前沿和经济社会发展中的重大科学问题，开展勘查地球化学领域创新性、基础性、公益性研究，培养创新人才，建成国际领先水平的地球化学探侧技术研究基地。开展全球地球化学基准研究，从事地球化学调查与填图技术研究，发展深穿透地球化学探测理论与技术，为覆盖区和深部矿产勘查提供技术支撑。

2014 年 4 月 9 日，在北京召开了首届实验室学术委员会会议。学术委员会成员对实验室已取得的研究成果给予了肯定，对重点实验室及国际研究中心的发展目标、研究方向、运行机制、成果科学凝练等提出了许多宝贵意见和建议。

积极推进《全球多尺度地球化学填图》立项工作，服务国家"一带一路"战略。与国际地科联全球地球化学基准值工作组合作，建立全球地球化学填图国际合作网络平台，开展全球地球化学基准网建立，重要资源国家的国家尺度地球化学填图，积极推进"一带一路"沿线国家地球化学填（编）图工作的开展。国际地科联罗兰德·奥博汉斯利主席在访问重点实验室时表示：全球尺度地球化学填图工作是一项非常重要的工作，国际地科联作为全球性的国际地学组织，将尽其所能支持全球地球化学填图工作，积极协调会员国地质调查机构参与全球尺度地球化学填图的国际合作，鼓励相关机构支持全球一张地球化学图"化学地球"的建立。

学术年会上院士和专家积极建言献策

11. 国土资源部地球物理电磁法探测技术重点实验室

研究方向：重点开展航空电磁探测、地面电磁探测、井中电磁探测和电磁探测多元信息处理等基础研究，为承担国家地质调查基础性、公益性、战略性研究任务提供技术支撑。

重要成果

固定翼时间域航空电磁系统全状态集成调试试飞取得成功。在国家"863"计划和地质调查专项的共同支持下，固定翼时间域航空电磁系统在硬件系统研制及地面、半航空测试取得成功之后，研究团队经过1年多的努力，成功地进行了系统全状态集成调试试飞工作。

固定翼时间域航空电磁系统全状态吊挂调试试飞

2000米深井地—井TEM三分量测量系统自主研制成功，为我国深部找矿再添新装备。在公益性行业科研专项支持下，经过3年多的技术攻关，先后突破了井下三分量探头、大功率整流器、三通道接收机以及2000米下井深度等关键技术难题，集成开发出我国第一套适合2000米深井的大功率地－井TEM三分量测量系统，经测试各项技术指标达到了设计要求。

地－井TEM三分量测量系统

12. 国土资源部岩溶生态系统与石漠化治理重点实验室

定位及研究方向：以岩溶生态系统研究为核心，确定研究方向为，揭示岩溶生态系统的结构、功能及其运行规律；科学分析我国岩溶区石漠化、水土流失、植被退化等主要生态问题；探索脆弱岩溶生态系统石漠化综合治理、水土保持和植被恢复与重建的模式、技术。

2014 年，承担科研项目 33 项，其中国家科技支撑项目 4 项，公益性行业科研专项 1 项；发表论文 28 篇，其中 SCI、EI 检索论文 13 篇。组织承办了国土资源部第三批重点实验室建设进展交流会，举办了实验室 2014 年学术委员会会议；邀请中国地质大学郭益铭教授、王红梅教授等来实验室进行学术交流，并分别作专题报告；8 人次分别参加 6 个国内外学术会议。

南洞地下河流域水文地质综合调查，利用地球物理勘探和钻探技术，初步查明了南洞地下河下游主管道地段岩溶发育规律、岩溶水文地质条件和地下河主管道分布规律，通过连通试验，对南洞地下河系统各子系统的边界及范围重新进行了划分，对南洞岩溶水系统的基本格局有了新的认识；对典型岩溶山区植被及土壤团聚体稳定性的分析表明，草地和灌丛可以作为岩溶山区水土保持的主要植被类型；对广西平果果化岩溶峰丛洼地土壤侵蚀和地下漏失的研究表明，不同地貌部位水土流失差异较大，且不同土地利用方式下的土壤侵蚀存在差异；探索岩溶区土壤属性与地形因子、遥感影像光谱指数的关系，并分别以土壤厚度、土壤有机质和土壤全氮为例，进行了土壤属性的空间预测研究。

实验室 2014 年学术委员会会议

13. 国土资源部岩溶动力学重点实验室

定位及研究方向：继续发挥我国岩溶研究的地域优势和国际影响，以国际岩溶研究中心(IRCK)为依托，地球系统科学为指导，完善岩溶动力学理论，搭建系列研究实验平台，培养高水平的科技人才，为IRCK目标的实现做出贡献，研究岩溶动力系统对全球变化的响应，为岩溶区生态环境问题对策提供科技支撑、为岩溶区国土资源管理提供科技创新。

2014年，参加国内外交流共计30人次、境外科研地调2次，主办国际会议1次、国内会议1次，共承担各类项目50项，公开发表论文40篇，其中SCI检索论文17篇；出版专著《西南岩溶石山地区重大环境地质问题及对策研究》（袁道先），对广大的西南岩溶石山地区的各种环境地质问题进行了科学的论述和因地制宜的对策探讨，将岩溶动力系统的理论鲜活地运用在广袤的西南岩溶石山地区。

重点围绕岩溶石笋古环境重建，岩溶碳汇与全球变化，岩溶生物地球化学循环过程开展深入研究，代表性成果有：利用石笋氧同位素与当地器测气温和降水数据、旱涝指数对比分析，发现平均分辨率1.5年的石笋氧同位素响应了区域夏季风强弱变化特征；通过对岩溶区水库的不同深度水体研究，加深对溶解无机碳在水库水体中的循环过程的理解，为岩溶碳汇的研究提供新的思考；利用典范对应分析对尾矿砂的土壤重金属进行研究，指出重金属污染通过影响土壤微生物群落而间接影响了土壤碳循环等。

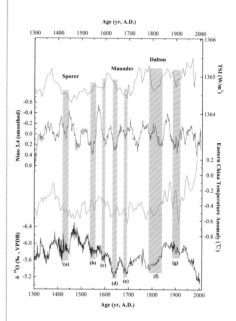

莲花洞 LHD1 石笋 δ18O 记录的极端干旱事件及形成大气环流背景

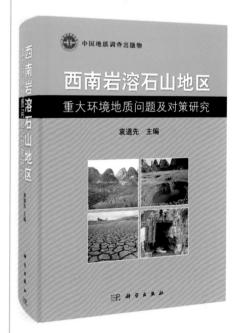

《西南岩溶石山地区重大环境地质问题及对策研究》出版

访问泰国地下水资源厅（境外地质调查）

中国地质调查局和中国地质科学院重点实验室

1. 中国地质调查局（中国地质科学院）地应力测量与监测重点实验室

定位及研究方向：发展地应力与构造应力场基础理论、测试技术与方法，研发相关仪器与装备；开展地应力和岩石力学在构造变形、内动力灾害发生和成藏成矿等领域应用，为地球动力学基础研究、资源开发、地质灾害预测预警提供支撑。

2014年，承担各类科研项目30项，其中科技支撑计划项目1项，公益性行业科研专项3项；地质调查项目4项，所基本科研业务费项目4项，其他工程和市场服务类项目16项（涉外服务项目2项），项目经费超过3000万元。第一作者公开发表论文14篇，其中SCI/EI检索论文10篇。获得实用新型专利1项。有固定工作人员24人，在站博士后1名，在读研究生5名。组织邀请国外专家召开学术会议3次，学术委员会会议1次。

重要成果

完成了东南沿海4个深孔的原地应力测量工作，利用有限元数值模拟分析，获得了南海海域北部地区现今地应力场的分布规律特征；通过渤海跨海通道相关项目的实施，为海域地球动力学基础研究以及海洋油气资源开发提供了重要的基础资料；"特殊地质地貌填图试点方法技术研究"取得初步成果，为探索和拓展地质填图新技术和方法奠定了重要基础；完成了地应力测量与监测野外标定试验基地和室内标定平台的建设，取得了丰富的现场观测数据，为地应力测量与监测技术的标定与研究提供了重要的技术支撑条件。

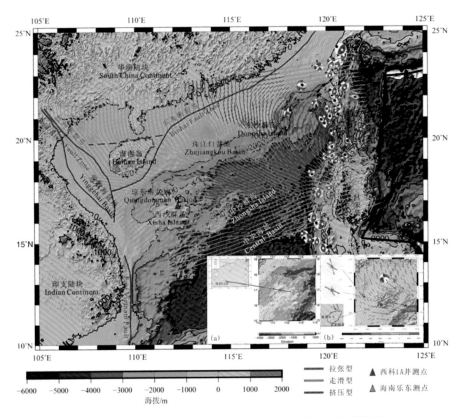

南海北部地应力测量点和应力场（最大水平主应力方向）模拟图

2. 中国地质调查局（中国地质科学院）地下水污染机理与修复重点实验室

定位及研究方向：围绕"地下水污染机理与修复"学科方向，针对我国地下水污染防控与修复基础研究薄弱、修复技术实际应用严重不足、社会与市场需求强烈的现状，在引进、吸收国外创新性研究与应用的基础上，注重修复技术的研发与实践，已形成以污染物迁移转化机理、地质微生物、纳米修复技术为优势方向，在土壤与地下水污染机理、污染修复方法、污染场地调查与原位修复技术应用、地下水污染防治与区划等方向全面发展的研究特色。

经过两年多的发展，通过了中国地质科学院、河北省重点实验室评估验收，正式进入建设运行期；培育出地质微生物、纳米修复、有机污染场地调查与修复三个特色研究团队，培养了一支以年轻科研骨干为主的稳定科研队伍。开展纳米、微生物、可渗透反应格栅（PRB）、气相抽提（SVE）—电加热联合技术、植物修复等多种修复技术研究。

2014 年，新获批科研项目 6 项，总经费 507 万元，其中国家自然科学基金项目 4 项，总经费 97 万元；发表论文 22 篇，其中 SCI 或 EI 检索论文 8 篇。召开了学术委员会 2014 年年会暨地下水污染修复学术研讨会。与英国纽斯卡尔大学建立合作关系，合作开展英国皇家工程院英印合作基金项目"铁/碳组合吸附材料在环境修复中的应用"研究。开展了有机污染场地原位修复试验研究，建立了有机污染场地调查与修复研究基地，探索建立了有机污染场地调查、评价与修复技术流程。

2014 年学术委员会年会暨地下水污染修复学术研讨会

有机污染场地原位修复试验

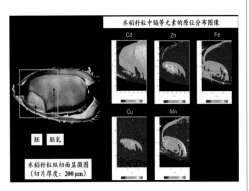

μ-SRXRF 技术分析水稻籽粒中镉等元素分布图像

"LIBS 系统在地球化学分析中的应用进展" 学术报告

Klaus Peter Jochum 博士与实验室成员交流

3. 中国地质调查局（中国地质科学院）元素微区与形态分析重点实验室

定位及研究方向：以搭建创新性微区和形态分析研究平台为主要任务。以 LA-ICPMS、μ-XRF/μ-SRXRF、LIBS、HPLC/GC-ICPMS、SR-XAFS/XANES 等现代微区及联用技术为依托，重点开展矿物主次痕量元素的含量、分配、分布及赋存状态分析方法学及应用研究，并从元素形态学水平上探讨典型矿区样品不同元素形态分布、迁移、转化规律及其与微生物的相关性，为地质找矿、综合利用和生态研究提供技术支撑。

2014 年，承担国家重大科学仪器设备开发专项（子课题）、国家自然科学基金、地质调查和公益性行业科研专项等相关项目 25 项。投稿论文 10 篇（SCI 检索论文 5 篇），已接受 4 篇。邀请德国马普化学研究所等国际机构的专家来访，举办专题学术系列报告会，内容涵盖 fs-LA-ICP-MS 在尘埃、火山灰、石笋等环境样品，LA-LIBS 在地球化学分析，LA-(MC)-ICP-MS 在碳酸盐样品原位 ^{230}Th-^{234}U-^{238}U 定年中的应用进展等。与澳大利亚的 Nigel J. Cook 博士就地学微区原位分析相关问题进行了沟通。

LA-ICPMS 技术及应用研究新进展：矿物熔体包裹体、稀土氟碳酸盐等样品的元素分析技术已具备实际应用分析能力，流体包裹体、榍石等副矿物 U-Pb 定年、矿物基体效应研究取得突破，以磷酸盐处理土壤样品，提取出了水溶性或植物可利用的砷形态，实现了 HPLC/ICPMS 土壤样品中砷形态的测定。利用 μ-SRXRF 等技术分析了植物组织中的 Pb、Zn 和水稻籽粒中的 Cd，证明 Pb (Ac)$_2$ 极大促进了植物对 Pb 的吸收，Zn 对植物幼苗的毒性更强，Pb^{2+} 在培养液中配位已经发生了复杂变化，水稻籽粒中的 Cd 主要分布在胚乳中。

4. 中国地质调查局（中国地质科学院）地球表层碳 — 汞地球化学循环重点实验室

定位及研究方向：面向我国经济社会发展中的重大科学问题开展勘查地球化学领域工作，为土地合理利用和环境保护提供技术支持。开展碳地球化学循环与全球变化、汞地球化学循环与碳 — 汞耦合作用机制、其他元素地球化学循环与土地质量等三个主要方向研究。

碳地球化学循环与全球变化。土壤呼吸敏感性 Q_{10} 计算结果显示，土壤呼吸速率对大气温度和土壤温度的升高响应程度相同，均为 2.04。

汞地球化学循环与碳 — 汞耦合作用机制。对长三角地区的监测结果显示该区域无明显的大气汞排放源；农田区土壤／大气界面汞交换通量密度普遍高于城市，而城区监测点绿化区明显低于非绿化区。土壤中气汞与汞交换通量显示了同步变化的趋势。对比前期监测数据，我国不同区域汞交换通量的主导因素不同，纬度位置在一定程度上影响土壤／大气界面汞年的释放通量。

开展了 1:25 万、1:5 万土地质量调查数据与地块融合的理论基础、方法技术及误差估算研究，取得了全国第二次土壤调查地块赋值方法技术重大突破，为我国东北平原、华北平原、西北黄土分布区二调图斑与土地质量地球化学调查数据的直接对接铺平了技术道路；配合国土资源部与环境保护部发布《全国土壤污染状况调查公报》，向全国人大环资委、科技部和国土资源部领导作专题汇报，为国家在全国土壤环境质量、土壤碳汇潜力和有益元素分布状况、富硒土地资源开发利用等方面的决策提供了依据；同时，为土壤污染防治立法工作提供专家咨询服务工作。

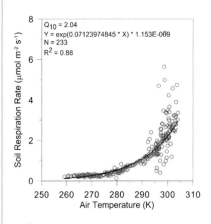

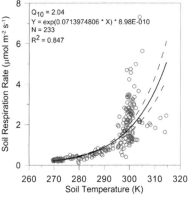

土壤呼吸温度敏感性 Q_{10} 指数拟合曲线图

土地质量地球化学调查野外工作

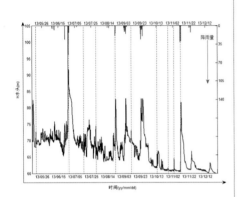

采用 Grubbs 检测算法分析监测数据

5. 中国地质调查局（中国地质科学院）岩溶塌陷防治重点实验室

主要研究方向：岩溶塌陷调查评价与隐患识别技术研究，岩溶塌陷形成演化机理与主控因素研究，岩溶塌陷地质灾害监测预警技术研究，岩溶塌陷防控技术与工程场地岩溶处置方法研究，岩溶塌陷地质灾害环境效应研究。

2014 年，共承担项目 21 项，其中国家自然科学基金项目 6 项、公益性行业科研专项 1 项，地调计划项目 1 项、工作项目 3 项，社会服务项目 3 项。完善和建设了 2 个野外基地。公开发表论文 6 篇。派团参加第 12 届国际工程地质大会、全国工程地质年会；邀请客座研究员回国开展学术交流；主办 "1:50000 岩溶塌陷调查技术方法培训班" 和 "岩溶塌陷地质灾害调查数据录入系统培训与使用经验交流会"。

代表成果有：采用 Grubbs 检测算法和序贯变点检测算法对岩溶塌陷监测数据进行分析，为海量监测数据的分析提供了新思路；编写了《1:50000 岩溶塌陷调查规范》、《岩溶塌陷防治工程勘查规范》、《岩溶塌陷防治工程设计规范》、《岩溶塌陷防治工程施工规范》、《岩溶塌陷监测规范》、《岩溶塌陷地球物理探测技术指南》等相关规范；针对崩解作用、潜蚀作用和水力裂隙作用三种岩溶塌陷发育模式，分别对应设计了崩解试验、管道流试验和抗渗强度试验，获得了各模式的岩溶塌陷发育判据；开展了岩溶土洞演化及其数值模拟分析。

广州基地岩溶塌陷三维地质沙盘

6. 中国地质科学院页岩油气调查评价重点实验室

定位及研究方向：围绕我国非常规油气发展战略，以页岩气为重点，将地质力学理论方法与页岩气的成藏要素和富集条件结合起来，采用原位地应力测量、水压致裂、岩石力学、微地震台网等技术手段，开展构造形变与构造演化、应力场测量、岩石力学及其开发应用，裂缝预测与储层评价，页岩气成藏与富集机理和页岩油气资源评价等勘探开发技术的研究，建立页岩油气评价体系标准，努力建成我国有特色的页岩油气资源调查评价的科学研究基地。

2014 年，获得国土资源科学技术二等奖 1 项，专利 1 项，出版专著 3 部，发表论文 20 余篇。积极开展学术研究活动，参加中石化举办的涪陵页岩气现场考察及研讨会、国际盐湖会，参加加拿大 Dalhousie 大学为期 70 天的学术交流和考察；聘请多名国内外页岩气领域资深专家学者做报告与讲座。

对柴达木盆地及周边下古生界不同构造分区地层年代进行了对比分析，编制了古生代构造—岩相古地理图件，分析了古生界油气地质条件；开展了黔中隆起及周缘寒武系牛蹄塘组、志留系龙马溪组和石炭系大塘组页岩沉积特征及其沉积中心和残余分布研究等。

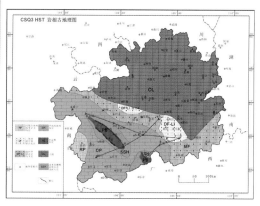

黔中隆起及周缘石炭系岩相古地理图

邀请加拿大卡尔加里大学黄海平教授进行学术交流

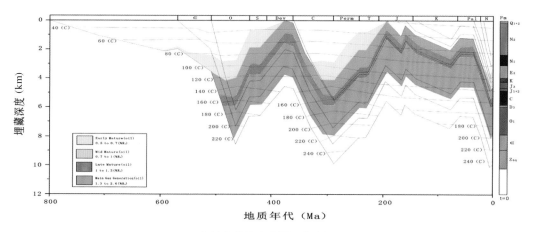

柴达木盆地古生界埋藏史图

7. 中国地质科学院 Re-Os 同位素地球化学重点实验室

定位及研究方向：致力于发展 Re-Os 同位素理论，开展关键技术研究和标准物质研究，开拓应用领域，为成矿时代和物质来源示踪提供科学依据。

实验室于 1992 年在国内率先开展 Re-Os 同位素技术方法研究，相继建立了辉钼矿、黄铁矿、毒砂等样品的分析方法，创新性研制了相应的标准物质，完成了数百个不同类型矿床样品测定，解决了长期无法解决的金属矿床成矿年代直接厘定问题。

2014 年，实验室继续强化建设，新引进的 TIMS 经过 1 年多的调试和方法建设已经进入稳定运行阶段，建立了一系列适用于不同样品的质谱测定方法和数据处理流程。不断扩大 Re-Os 同位素方法的应用范围，以富有机质地质样品为主攻方向，将测试对象扩展到原油、石墨、沥青、富有机质灰岩等样品，为油藏的形成和破坏，区域变质作用以及沉积岩的形成提供了同位素年代学约束。

2014 年获得国家自然科学基金项目 2 项，并进入研究阶段，三大主要研究方向都得到了国家自然科学基金的支持。2015 年年初实验室通过了建设期验收。

重点实验室验收现场

8. 中国地质科学院年轻沉积物年代学与环境变化重点实验室

定位及研究方向：以研究第四纪以来气候环境演化的地质记录为基础，围绕第四纪年代学与气候 — 水文环境变化过程方面的重大科学问题，通过完善和发展第四纪年代测试技术和古气候环境指标分析技术，揭示第四纪以来尤其是晚第四纪不同沉积环境及不同时间尺度古气候和古水文环境演化的时间序列，预测未来气候、水文环境变化趋势，为全球变化研究、区域地下水资源合理开发和优化利用提供科学支撑。

第十一届全国第四纪学术大会

2014 年，承担及参与科研项目共计 19 项，发表论文 13 篇，其中 SCI 检索论文 3 篇，EI 检索论文 1 篇，出版专著 1 部。积极开展学术交流活动，年度出访 2 人次、参加国内学术会议 26 人次。2014 年 12 月 13 日顺利完成建设期验收。

国家自然科学基金面上项目"华北平原全新世水文环境变化以大陆泽为例"。通过野外露头剖面的岩性观察与记录，基本圈定了古大陆泽的空间分布范围，初步确定了不同时段沉积环境的演化序列。选取代表性标准剖面进行系统采样，共计 OSL 样品 110 件，14C 样品 23 件，全岩样品 1699 件。通过高精度的年代格架，和高分辨率的代用指标分析，以期获得古大陆泽全新世水文环境变化历史。初步结果表明全新世中期为大陆泽古湖泊鼎盛的时期，气候相对温暖湿润。

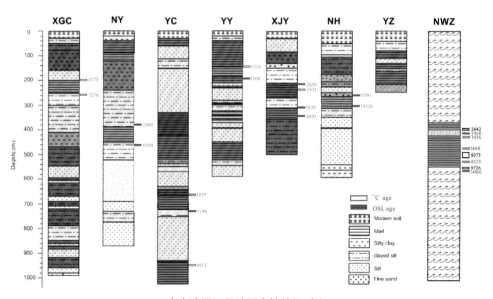

古大陆泽沉积地层岩性特征对比

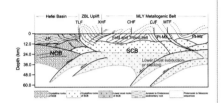

长江中下游陆内造山动力学模式示意图

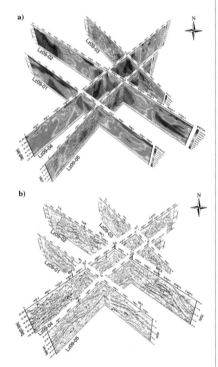

庐枞矿集区反射地震与大地电磁叠合图
（a）和三维地质解释立体图（b）

9. 中国地质科学院 合肥工业大学 矿集区立体探测重点实验室

定位及研究方向：开展重要成矿带地质过程与三维结构探测，矿集区立体探测与三维建模技术，区域成矿系统与成矿规律和深部矿床勘查技术方法与示范研究。

2014年，实验室固定人员38人、客座人员9人、国内外引进人才3人（杰青、长江学者、黄山学者各1人），培养博士、硕士研究生39人，博士后3人等。承担及参与项目58项，其中，"863"计划项目1项，科技支撑计划3项，科技专项1项，国家自然科学基金项目28项，国土资源部项目13项，教育部项目8项，其他合作项目17项（国际合作项目2项）。荣获省部级发明二等奖2项，获发明专利1项，发表论文30篇，其中国际SCI检索论文13篇，国内核心论文17篇。出版专著2部。

2014年10月17日，在合肥工业大学召开学术委员会会议，讨论了实验室的建设规划，确定了实验室任务和建设目标，争取尽快申报省部重点实验室。向学校成功申请了建设经费300万元，购置急用的设备和软件，建设数据处理中心、深部探测实验室、地壳结构分析室、大地电磁分析室、反射地震分析室。

组织召开了"深部矿调与找矿新技术研讨会"，获得各相关科研院所、高等院校、地质和矿业企事业单位同仁的积极响应，参会270余人。

在长江中下游成矿带下方发现了岩石圈拆沉的远震层析成像和接收函数证据，并发现在成矿带的上地幔存在NE向的变形或流动；首次发现了在长江中下游成矿带下凡存在"鳄鱼嘴"式反射构造形态和"对冲"型构造样式，并提出了我国东部存在两期次的陆内造山过程和成矿新模式，对深入认识长江中下游成矿带的深部结构和成矿机制提供了关键可靠的约束。通过多种地球物理方法综合探测，精细刻画了庐枞矿集区、铜陵矿集区等主要矿集区下方上地壳的三维地壳结构框架和变形特征，建立了矿集区下方的三维立体结构模型，提出"多级岩浆系统"结构模型，初步实现了长江中下游成矿带主要矿集区上地壳5千米范围内的"透明化"，为进一步圈定新的找矿靶区提供了理论参考。形成了"斑岩型"铜矿、"玢岩型"铁矿、热液型铜金矿和石英脉和破碎蚀变岩钨矿的勘查技术方法组合，以及全三维反演技术直接确定矿体空间形态的技术方案。开展了深部成矿预测，提出了深部成矿预测靶区。

8 对外合作与学术交流

2014 年，全院共上报外事项目 166 项、536 人次，其中派出 106 项、265 人次，请进 60 项、271 人次。

稳步推进重要双边、多边合作

（一）与德国美因茨大学合作

2014 年 8 月 22 日，董树文副院长与德国美因茨大学副校长沃尔夫冈·霍夫迈斯特教授签署《中国地质科学院与德国美因茨大学合作谅解备忘录》。双方将通过人员互访、联合发起并实施科学研究和教育项目、联合主办并组织研讨会和学术会议、交流科学技术信息和教育信息等方式开展地球科学研究和教育培训方面的合作。

签署《中国地质科学院与德国美因茨大学合作谅解备忘录》

中国地质科学院代表团与德国美因茨大学代表合影

（二）中俄合作

根据中俄合作项目"中国峨眉山与俄罗斯西伯利亚二叠纪火成岩省对比研究"的研究任务，全俄地质研究所专家代表团一行9人于2014年12月14日至21日来华，与中国地质科学院专家共同赴甘肃金川镍矿和山东胶东金矿开展野外地质考察和学术交流，并商讨合作计划的具体事宜，期间赴中国地质调查局西安地质调查中心进行了学术交流。

中俄专家在金川镍矿野外考察合影

中俄专家在胶东野外考察合影

（三）五国合作项目第三阶段顺利推进

2014年9月15日至19日，中、俄、蒙、哈、韩五国合作项目第十二次工作会议在韩国大田举行，以董树文副院长为团长、李廷栋院士为副团长的中国代表团一行8人赴韩国参加会议并签署会议纪要。会议确定了五国2014年至2015年工作任务和工作内容，对1:500万磁异常地质图、1:500万地球化学图、盖层和地壳厚度图编制等工作进行了年度任务分工和计划安排。会后赴朝鲜半岛西海岸，对前寒武纪基底组成和变形以及中生代火山作用进行野外地质考察。

五国代表团团长签署会议纪要

朝鲜半岛西海岸野外地质考察

在华举办重要国际学术会议

（一）第十二届国际盐湖会议

由中国地质科学院主办、中国地质科学院矿产资源研究所和国土资源部盐湖资源与环境重点实验室承办的第十二届国际盐湖会议于2014年7月14日至18日在河北省廊坊市召开，来自10余个国家的300余名代表出席会议。国土资源部党组成员、中国地质调查局局长钟自然出席会议开幕式并致辞。会议主题为"未来盐湖，全球可持续性研究与发展"，会后组织了青海盐湖和山西运城盐湖野外地质考察。

（二）蛇绿岩、地幔作用和有关矿床国际学术研讨会

2014年4月14日至15日，由大陆构造与动力学国家重点实验室主办的"蛇绿岩、地幔作用及其相关矿床国际学术研讨会"在京召开。20余名国际知名专家应邀在会议上做学术报告。中国地质调查局党组副书记、副局长王研出席了会议开幕式并致辞。

钟自然局长在第十二届国际盐湖会议开幕式上致辞

第十二届国际盐湖会议与会人员合影

蛇绿岩、地幔作用和有关矿床国际学术研讨会与会人员合影

国际矿床成因协会主席毛景文研究员发言

（三）第十四届国际矿床成因协会大会

由中国地质调查局和国际矿床成因协会主办，中国地质科学院、中国地质科学院矿产资源研究所、云南省地质调查局承办的第十四届国际矿床成因协会大会于2014年8月19日至22日在云南省昆明市召开，来自18个国家的750余名代表出席会议。中国地质调查局副局长王研出席开幕式并致辞。会议主题为"矿产资源：发现与利用"，包括大型—超大型矿床成矿作用、斑岩型铜金矿床成矿作用、矽卡岩型矿床和铁氧化物—铜—金（IOCG）型矿床、卡林型金矿、三稀金属矿床成矿作用等全球矿床学研究和矿产资源勘探开发的19个领域热点议题。大会共收到822篇学术论文摘要。会后组织了云南、贵州、山东及江西等4省和老挝（8条路线）的野外地质考察。

第十四届国际矿床成因协会大会会场

积极开展与国际组织的合作

（一）与联合国教科文组织合作

1. 教科文组织生态与地学部韩群力主任一行到访

2014 年 9 月 1 日，教科文组织生态地学部韩群力主任、教科文组织驻华代表处自然科学项目官员汉斯·图尔斯特鲁普先生等一行 4 人到访，就中国地质科学院与教科文组织在国际地学计划、地质公园、教科文组织二类中心等方面的合作进行交流。董树文副院长、国土资源部地质环境司副司长陈小宁、中国地质调查局科技外事部副主任何庆成等有关领导出席会见。

教科文组织生态地学部韩群力主任一行到访

2. 出席第六届联合国教科文组织世界地质公园大会

2014 年 9 月 18 日至 22 日，第六届联合国教科文组织世界地质公园大会在加拿大召开，来自 30 多个国家和地区的约 500 名代表出席了会议。中国地质科学院党委书记、副院长、国家地质公园网络中心主任王小烈率中国代表团参加会议，了解国际同行在地质遗迹调查、保护、科普以及科学利用方面的研究前沿和进展，分享与交流我国地质公园建设管理的经验和成就。中国代表团向大会提交了 5 篇论文摘要并制作了中国世界地质公园十年回顾专题展，还参加了世界地质公园网络执行局会议、世界地质公园网络成员大会和碰头，教科文组织遗产名录讨论会等。

中国代表团在第六届世界地质公园大会期间合影

3. 国际岩溶研究中心

（1）积极推动国家级国际联合研究中心建设

"岩溶动力系统与全球变化国际联合研究中心"秘书处于2014年4月3日起草了中心组建方案及陆年建设规划建议，规范了中心运行形式和组织机构，在提出2014～2020年总体目标的基础上，细化了2014～2015年计划和2016～2020年的建设规划。

中国及东南亚地区岩溶环境地质系列图编制工作会议

（2）新获一批科研项目

中心新获广西科技厅中德合作项目"岩溶水环境有机污染物的生物指示技术引进与合作研究"、中国—斯洛文尼亚政府间科技合作项目"中国季风气候、斯洛文尼亚次大陆气候下岩溶作用及碳汇效应对比研究"和中国地质调查局境外地调项目"中国及东南亚地区岩溶环境地质系列图编制"。2014年5月11日，举办了中国及东南亚地区岩溶环境地质系列图编制工作会议，自中国、越南、泰国、马来西亚等国共计9名专家作了矿山地质环境保护主题报告。

（3）发展中国家水资源可持续利用国际研讨会

国际岩溶研究中心、中国地质科学院岩溶地质研究所主办，非洲地下水资源研究院、南非西开普大学、桂林理工大学等机构承办的"发展中国家水资源可持续利用国际研讨会"于2014年10月26日至28日在广西桂林召开，来自中、美、

发展中国家水资源可持续利用国际研讨会与会人员合影

德、蒙、俄，津巴布韦、老挝、泰国等 12 个国家和地区的 90 余名学者参加了会议。会议主要内容包括中国水文地质调查进展、中国西南地区岩溶地下水的特点、南非矿区酸性废水的排放与处理、可管理含水层补给、湿地处理污水以及岩溶地区含水层水资源的利用与管理等。

（4）成功举办国际岩溶研究中心第六次国际培训班

2014 年 10 月 15 日至 28 日，国际岩溶研究中心在广西桂林举办了第六次国际培训班"岩溶生态系统与地质微生物"。来自老挝、俄罗斯、塞尔维亚、南非等 14 个国家的 17 名学员参加了培训。来自美国、塞尔维亚、斯洛文尼亚、中国等 4 个国家的 18 位专家受邀为培训班授课。室内培训着重岩溶生态系统、岩溶动力学和地质微生物专业知识讲解，室外培训以丫吉岩溶水文地质试验场、海洋 — 寨底地下河系统实验研究基地和毛村岩溶试验场为依托开展现场教学。

国际岩溶研究中心第六次国际培训班
野外授课

国际岩溶研究中心第六次国际培训班
实验室授课

4. 全球尺度地球化学国际研究中心

2013 年联合国教科文组织批准在中国建立全球尺度地球化学国际研究中心，2014 年进入国内审批程序，同时参与了多个国际培训班的地球化学填图技术培训工作，为提升发展中国家的地球化学填图技术发挥积极作用，包括：为刚果金地质矿产研修班进行地球化学填图培训；为巴布亚新几内亚地质调查局进行地球化学填图室内及野外采样培训；为老挝地质调查技

为巴布亚新几内亚科技人员进行全球尺度河漫滩沉积物采样培训

术人员开展地球化学填图野外采样技术培训。

5. 推进中国国际地学计划全国委员会工作

中国国际地学计划（IGCP）全国委员会 2014 年年会暨项目汇报会于 2014 年 12 月 25 日至 26 日在京举行。董树文秘书长受刘敦一主任委托作全委会 2014 年工作报告。IGCP 项目国家工作组负责人介绍了 2014 年开展的科学活动、取得的主要学术成果和 2015 年工作重点。教科文组织全球尺度地球化学国际研究中心王学求研究员汇报了中心成立筹备进展情况。教科文组织国际岩溶研究中心常务副主任曹建华研究员汇报了中心 2014 年主要工作进展和 2015 年工作计划安排。教科文组织国际自然与文化遗产空间技术中心常务副主任、秘书长洪天华应邀介绍了中心近几年主要学术成果与国际合作业绩。

中国国际地学计划全委会 2014 年年会会场

（二）国际地质科学联合会秘书处和司库工作

1. 国际地质科学联合会积极参与中国国际矿业大会

国际地质科学联合会受邀作为 2014 年中国国际矿业大会协办单位，这是国际地科联首次担任中国国际矿业大会的协办单位，为国际地球科学界与国际矿业界尤其是中国矿业界开展深入交流搭建了良好的平台；大会期间主办了"为后代提供资源

（RFG）"倡议计划专题论坛——"保障未来原料的供应"，国际地科联新行动战略执行委员会主任艾德蒙·尼克莱斯博士主持，国际地科联主席罗兰德·奥博汉斯利教授以及来自美国地质调查局、英国地质调查局、南非科学与工业研究委员会、澳大利亚昆士兰州高级技术中心、法国约瑟夫·傅里叶大学等共计11位特邀报告人作口头发言，100余名会议代表出席了论坛。"为后代提供资源"倡议计划的启动表明国际地科联重新定位其发展方向，国际地学研究将从纯学术研究向资源回归，未来将使资源与环境并重，保障人类可持续发展。秘书处积极协助完成了筹备和布展工作。

"为后代提供资源（RFG）"倡议计划专题论坛会场

2. 开展全球尺度地球化学填图合作

2014年10月22日，国土资源部党组成员、中国地质调查局局长钟自然会见国际地科联主席罗兰德·奥博汉斯利教授、秘书长约瑟·卡尔沃教授、司库董树文研究员以及国际地科联新行动战略执行委员会主要成员，并签署了《中国国土资源部中国地质调查局与国际地质科学联合会全球尺度地球化学填图合作谅解备忘录》。旨在通过支持教科文组织全球尺度地球化学国际研究中心和地科联/国际地球化学与宇宙化学协会全球地球化学基准值工作组的运行，加强全球尺度地球化学填图合作。

国际地科联主席奥博汉斯利教授在RFG论坛上致辞

钟自然局长与国际地科联主席奥博汉斯利教授共同签署合作谅解备忘录

国际地科联秘书处在印度果阿组织召开国际地科联第 67 次执委会会议

金小赤研究员在 CGMW 全体会议报告编图项目年度工作进展

3. 其他工作

2014 年 2 月 7 日至 10 日，国际地质科学联合会司库董树文与秘书处工作人员赴印度承办和参加地科联执行局会议和第 67 次执行委员会会议；2014 年 8 月 18 日至 19 日在德国波茨坦，2014 年 10 月 20 日在北京分别召开了地科联执行局会议；完成秘书处和司库日常管理。

（三）世界地质图委员会（CGMW）

经国土资源部批准，中国地质科学院于 2014 年初向世界地质图委员会提名吴珍汉研究员担任中国在该国际组织的正式代表，负责中国与该委员会的沟通、协调工作。2014 年 2 月 18 日至 23 日，以吴珍汉副院长为团长的代表团一行 6 人赴法国巴黎参加世界地质图委员会 2014 年大会。金小赤研究员代表任纪舜院士报告亚洲地质图进展及编制中南亚洲构造图的建议；裴荣富院士和梅艳雄研究员报告全球海洋矿产图编制及亚洲超大型矿床研究年度进展，同时向矿产图分委员会提出编制世界矿产图集的立项建议。代表团还拜访了中国常驻教科文组织代表团副代表周家贵和科学事务官员田中一秘以及教科文生态地学部主任韩群力先生，就选派优秀青年科学家到生态地学部帮助工作、全球尺度地球化学国际研究中心正式签署协定和挂牌等事宜进行讨论。

（四）推进加入北极大学

北极大学成立于 2001 年，是从事北极研究的大学和研究机构组成的合作网络，现有 160 余家会员，会员需缴纳年度会费。经国土资源部科技与国际合作司推荐，并经外交部条法司同意，以中国地质科学院名义申请成为北极大学成员。为此，向国土资源部建议提名中国地质科学院赵越研究员为北极大学代表，聂凤军研究员为副代表。入会申请通过北极大学会员与提名委员会的资格审核，可进行后续申请工作。中国地质科学院计划派代表出席北极大学理事会会议，就加入北极大学进行陈述和答疑，以便获得理事会的正式批准。

为进一步做好申请加入北极大学的工作，接待了到访的北极大学负责行政事务副校长、芬兰拉普兰大学国际关系处处长欧蒂·斯奈尔曼女士 2014 年 6 月 20 日来访并参观了大陆构造与动力学国家重点实验室。董树文副院长、从事北极研究的有关专家与斯奈尔曼女士举行了座谈，共同商讨了中国地质科学院加入北极大学事宜。

国际科学技术合作奖

由中国地质科学院矿产资源研究所推荐、国土资源部申报的西澳大利亚地质调查局弗朗西斯科·佩拉诺教授荣获 2014 年度中华人民共和国国际科学技术合作奖，并受聘为中国地质科学院名誉研究员。

弗朗西斯科·佩拉诺教授是国际著名的矿床地质学家和矿产勘查国际知名专家。近 10 年来，佩拉诺教授与中国地质科学院矿产资源研究所合作开展了矿床地质与矿产资源勘查方面的合作研究，帮助解决多个理论研究和野外勘查疑难问题，为中国地质科学院培养了多位矿床学学术带头人和研究生，积极将中国地质科学院矿床学家及研究成果推向国际舞台，在国际上合作发表 SCI 检索论文 20 多篇，缩短了中国地质科学院在矿床学领域与国际研究水平的差距，提升了中国地质科学院在该领域的国际地位和发言权。

佩拉诺教授受聘为中国地质科学院名誉研究员

佩拉诺教授荣获 2014 年中华人民共和国国际科学技术合作奖

中国地质科学院科学家在国际学术机构任职情况（以汉语拼音为序）

姓名	职称	学术组织名称	职务	起止年限
曹建华	研究员	国际水文地质学家协会 岩溶水文地质专业委员会	委员	2009 年至今
丁悌平	研究员	国际纯化学和应用化学联合会无机化学部	执行委员	2012-2013
董树文	研究员	国际地质科学联合会	司库	2012-2016
		德国埃尔福特科学院	院士	2011 年至今
		美国地质学会	荣誉会士	2013 年至今
何师意	研究员	国际水文地质学家协会 岩溶水文地质专业委员会	委员	2009 年至今
侯春堂	研究员	国际地质灾害减灾协会	国际顾问	2014 年至今
侯增谦	研究员	国际应用矿床地质学会	区域副主席	2011-2013
		《Resources Geology》	资深编委	2009 年至今
		国际经济地质学会（SEG）	区域副主席讲师	2014 年至今
季 强	研究员	亚洲恐龙协会	副理事长兼秘书长	2013 年至今
姜光辉	副研究员	国际水文地质学家协会 岩溶水文地质专业委员会	副主席	2010 年至今
金小赤	研究员	国际地层委员会石炭系分会	投票委员	2004-2016
		联合国教科文组织国际地球科学计划 (IGCP)	科学执行局委员	2009-2016
		世界地质图委员会南亚和东亚分会	副秘书长	2010 年至今
		世界地质公园网络执行局	委员	2013 年至今
孔凡晶	研究员	国际盐湖学会	理事	2012-2014
刘鹏举	研究员	国际地层委员会埃迪卡拉系分会	通讯委员	2012-2016
刘守偈	助理研究员	《Gondwana Research》	副主编	2013 年至今
龙长兴	研究员	联合国教科文组织世界地质公园网络执行局	委员	2010 年至今

续表

姓名	职称	学术组织名称	职务	起止年限
罗立强	研究员	《X-Ray Spectrometry》	副主编	2003 年至今
		Journal of Radioanalytical and Nuclear Chemistry	副主编	2006 年至今
吕君昌	研究员	亚洲恐龙协会	副秘书长	2013 年至今
毛景文	研究员	国际矿床成因协会	主席	2012-2016
		《矿床地质论评》	副主编	2002 年至今
聂凤军	研究员	《日本资源地质》	资深编委	2007 年至今
		联合国教科文组织国际地球科学计划 (IGCP)	科学执行局委员	2009-2016
裴荣富	院士	国际矿床成因协会大构造与成矿专业委员会	副主席	1993 年至今
		国际矿床成因协会矿物共生专业委员会	副主席	1995 年至今
石菊松	副研究员	国际工程地质与环境协会新构造与地质灾害专门委员会 国际地质灾害减灾协会	副秘书长 主席助理	2008 年至今 2014 年至今
孙 萍	副研究员	Landslides 国际地质灾害减灾协会	编委 会刊编辑部委员	2009 年至今 2014 年至今
王 军	教授级高工	国际地质科学联合会地球科学信息管理和应用委员会	委员	2010 年至今
王 巍	副译审	国际地质科学联合会秘书处	主任	2013 年至今
王学求	研究员	国际应用地球化学家协会	理事	2004 年至今
		全球地球化学基准委员会	联合主席	2008 年至今
吴树仁	研究员	国际工程地质与环境协会新构造与地质灾害专门委员会	委员	2008 年至今
谢学锦	院士	Geochemistry Exploration · Environment · Analysis	编委	2004 年至今
		Journal of Geochemical Exploration	编委	1999 年至今
杨经绥	研究员	美国地质学会	会士	2011 年至今
		美国矿物学会	会士	2009 年至今
杨振宇	研究员	国际地质科学联合会出版委员会	委员	2011-2014

姓名	职称	学术组织名称	职务	起止年限
姚建新	研究员	国际地层委员会三叠纪分会	通讯委员	2011 年至今
尹崇玉	研究员	国际地层委员会埃迪卡拉系分会	投票委员	2012-2016
尹　明	研究员	《Journal of Geostandards and Geoanalysis》	编委	2006 年至今
袁道先	院士	国际水文地质学家协会 岩溶水文地质专业委员会	委员	1988 年至今
赵　越	研究员	国际南极科学委员会地学组	中国代表	2002 年至今
		国际工程地质与环境协会新构造与地质灾害专门委员会	委员	2008 年至今
章　程	研究员	国际水文地质学家协会 岩溶水文地质专业委员会	委员	2009 年至今
张荣华	研究员	《国际材料科学》	编辑	2006 年至今
		国际矿床成因协会工业矿物岩石委员会	副主席	1994 年至今
张永双	研究员	国际工程地质与环境协会新构造与地质灾害专门委员会	秘书长	2008 年至今
张泽明	研究员	《Gondwana Research》	副主编	2011 年至今
郑绵平	院士	国际盐湖协会	副主席	2002-2014
朱祥坤	研究员	国际同位素丰度与原子量委员会	委员	2010-2016

9 研究生教育与博士后工作

中国地质科学院研究生教育和博士后工作，承担着培养地球科学高级专业人才的任务。

研究生教育简介

中国地质科学院是国土资源部属目前唯一一所博士学位授权单位和博士后科研流动站设站单位。招收培养研究生始于 20 世纪 60 年代初，有地质学、地质资源与地质工程 2 个一级学科博士学位授权点，8 个博士学位授权专业；11 个硕士学位授权专业。设有地质学、地质资源与地质工程 2 个博士后科研流动站。研究生培养依托中国地质调查局所属的 16 个单位。有博士生指导教师 100 多名，硕士生指导教师近 300 名。研究生教育采取两段式的培养模式，基础课程学习统一在高等学校完成，科研能力训练及学位论文工作在培养单位完成，充分发挥了高校和地科院的优势资源，培养了一批具有扎实的理论基础和很强的科研能力的高层次地质专业人才。截至 2014 年底，已培养 1674 名研究生，培养博士后 279 人。

北京门头沟研究生野外实践教学

北京房山周口店研究生野外实践教学

研究生培养方向

学位授权学科领域涉及理学、工学 2 大门类，涵盖地质学、地质资源与地质工程、化学、地球物理学、矿业工程 5 个学科。2014 年在 8 个博士学位授权专业的 64 个研究方向、11 个硕士学位授权专业 80 个研究方向招收研究生。

中国地质科学院学位授权分布

学科门类	一级学科名称	专业名称	层次	
			博士	硕士
理学	化学	分析化学		★
	地球物理学	固体地球物理学		★
	地质学 ★	矿物学、岩石学、矿床学	★	★
		地球化学	★	★
		古生物学与地层学（含：古人类学）	★	★
		构造地质学	★	★
		第四纪地质学	★	★
工学	地质资源与地质工程 ★	矿产普查与勘探	★	★
		地球探测与信息技术	★	★
		地质工程	★	★
	矿业工程	矿物加工工程		★

（★为学位授权学科与专业）

第五届研究生秋季运动会

研究生招生情况

2014 年招收博士生 64 名，硕士 80 名，其中招收与北京大学、中国地质大学（北京）、中国地质大学（武汉）三所高校联合培养博士研究生 29 名；招收与中国地质大学（北京）联合培养硕士研究生 40 名。

2014 年研究生分专业招生人数统计

专业名称	招生数			
	博士	硕士	联合培养博士	联合培养硕士
分析化学	—	2	—	0
固体地球物理学	—	3	—	0
矿物学、岩石学、矿床学	7	10	8	6
地球化学	3	5	2	6
古生物学与地层学	1	1	2	4
构造地质学	9	8	10	3
第四纪地质学	0	2	0	0
矿产普查与勘探	3	1	1	0
地球探测与信息技术	3	0	0	1
地质工程	9	7	6	2
矿物加工工程	—	1	—	0
地质工程（专业学位）	—	—	—	18
总计	35	40	29	40

院研究生代表队获全国科研院所学位与研究生教育工作网第四届研究生乒乓球团体赛冠军

研究生毕业与授予学位情况

2014 年毕业博士生 37 名、硕士生 31 名，36 名研究生获得博士学位，31 名研究生获得硕士学位。68 名毕业生在学期间以第一作者在国内外学术期刊上公开发表论文 180 篇，其中 SCI 检索论文 52 篇（含国际 SCI 论文 16 篇），EI 检索论文 27 篇。

2014 年研究生分专业毕业人数统计

专业名称	毕业生数		授学位数	
	博士	硕士	博士	硕士
分析化学	—	2	—	2
固体地球物理学	—	1	—	1
矿物学、岩石学、矿床学	6	8	6	8
地球化学	3	6	3	6
古生物学与地层学	0	3	0	3
构造地质学	15	4	14	4
第四纪地质学	0	2	0	2
矿产普查与勘探	3	0	3	0
地球探测与信息技术	4	1	4	1
地质工程	6	3	6	3
矿物加工工程	—	1	—	1
总计	37	31	36	31

院学位委员会主任李廷栋院士为研究生授予学位

2014 年研究生毕业合影

研究生获奖情况

史兴俊等 8 名研究生以及刘凡等 5 名联合培养研究生获研究生国家奖学金，高利娥等 5 名研究生获得"程裕淇优秀研究生奖"，黄冠星等 5 名研究生获得了"程裕淇优秀学位论文奖"。1 名硕士研究生获李四光优秀研究生奖，4 名研究生获北京市优秀毕业生奖，6 名研究生被评为院优秀毕业生，31 名研究生被评为院三好学生。

2014 年程裕淇优秀学位论文名单

学位论文题目	作 者	指导教师
地球化学环境对包气带砷老化的影响及控制机理	黄冠星	陈宗宇
内蒙古孔兹岩带乌拉山 — 大青山地区变质杂岩的变质演化和年代学研究	蔡 佳	刘福来
阿尔金造山带花岗岩时空分布特征及构造演化	刘春花	许志琴
华南南华系含锰建造的形成机制与南华纪间冰期海洋的氧化还原状态	张飞飞	朱祥坤
安徽庐枞盆地砖桥科学深钻蚀变矿化特征研究	熊 欣	徐文艺 杨竹森

毕业典礼上中国地质调查局王研副局长、沈其韩院士和程裕淇之子程学林先生为获得程裕淇研究生奖的研究生颁奖

毕业典礼上中国地质调查局部室负责人为获"三好学生"荣誉称号研究生颁奖

肖序常院士为获优秀毕业生荣誉称号研究生颁奖

博士后流动站人才培养情况

2014 年，招收博士后研究人员 38 人，包括地质学 21 人，地质资源与地质工程 17 人，平均年龄 30 岁，其中与博士后工作站联合招收 11 人。在站博士后申报中国博士后科学基金 4 人获得面上资助，1 人入选 2014 年度"香江学者计划"资助，8 人获得国家自然科学基金青年基金资助，3 人获得科研院所基本科研业务费专项资金资助。

29 名博士后出站，在站期间第一作者共发表 SCI 检索论文 38 篇，承担项目累计 56 项，其中作为课题负责人承担项目 20 余项。出站人员中有 15 人留设站单位，12 人流动到新单位，2 人回原单位工作。

10 年度重要活动

中国地质科学院 2014 年工作会议在京召开

2014 年 3 月 20 日至 21 日，中国地质科学院 2014 年工作会议在京召开。科技部政策与法规司翟立新副司长、国土资源部科技与国际合作司司长姜建军、中国地质调查局党组成员、副局长王学龙（受汪民副部长委托）出席会议并讲话。院党委书记、副院长王小烈作了题为《巩固成果深化改革 全面推进地质科技创新发展》的工作报告。参会代表围绕"地质科技工作如何面向地质调查主战场"、"推动科研与地调深度融合，提升原始创新能力"、"地质科技在找矿突破和生态文明建设中支撑服务作用"、"开展院科技创新试点工作"等议题进行了深入的研讨，会议理清了思路、明确了目标，取得了预期效果。

王学龙副局长在讲话中强调，党的十八大以来，以习近平同志为总书记的党中央对科技及创新工作提出了一系列重大的新论断、新指示、新要求，地科院作为国家科技创新体系的组成部分、国土资源部科技创新的核心力量和地质调查队伍的主力军，必须深刻领会中央精神，积极应对，主动作为，积极谋划好 2014 年的工

中国地质科学院 2014 年工作会议现场

国土资源部汪民副部长一行参观中国地质科学院青龙桥基地

为院十大进展获奖团队代表颁奖并合影

王小烈书记与院属单位负责人签订责任书

朱立新常务副院长主持分组讨论

作。地科院要认清形势、找准定位，以大地质观、大资源观和大生态观统筹推进地质调查各项工作，积极探索，着力促进人才和队伍建设，精心组织开展科技创新试点工作，解决资源环境中的关键科技问题，显著提升地质科技创新能力，为资源能源勘查突破和生态文明建设做出新贡献。

院工作报告对 2014 年的重点工作进行了全面部署：一是扎实推进科技创新试点工作；二是精心组织创新研究与项目实施；三是积极做好科技支撑服务工作；四是加大力度培养引进高层次科技人才；五是深化国际科技合作与学术交流；六是加强科技平台建设与运行管理；七是强化管理工作及统筹协调能力；八是抓好党建和精神文明建设；九是切实巩固教育实践活动成果。

会议期间，通报了 2013 年度院属单位科技创新业绩考核结果，并为获得院 2013 年十大科技进展的项目负责人颁奖。王小烈书记代表中国地质科学院与所属单位负责人分别签订了安全生产目标管理责任书、保密工作责任书、社会管理综合治理与安全保卫责任书。院属各单位负责同志对院 2014 年的工作报告进行了分组讨论，对院科技发展提出了意见和建议。

院党委副书记、常务副院长朱立新作会议总结。他指出，会议认清了形势、凝聚了共识，振奋了士气、增强了信心，抓住了机遇，明确了方向，收到良好效果。希望各单位做好会议的落实，认真学习领会上级精神，统筹部署好地质科技工作，在科技创新试点上下苦功，切实推进全院改革发展，着力增强执行力，努力提高管理效能，以创新的思维、扎实的工作来推动地质科技事业创新发展，更好引领支撑找矿突破和服务生态文明建设。

国土资源部人事司副司长张绍杰，中国地质调查局办公室主任刘延明、局总工室主任徐勇、局人教部主任赵奇、局科外部副主任连长云、局直属机关党委常务副书记余浩科，肖序常、袁道先、李廷栋、郑绵平、陈毓川、卢耀如、任纪舜、裴荣富、赵文津等 9 位院士，地科院领导班子全体成员及各研究所领导班子成员，院机关各处室负责人近百余人出席了会议。

扎实推进产学研用战略合作

2014 年 1 月 8 日，中国地质科学院与亿阳集团股份有限公司在京举行战略合作协议签约仪式。院党委书记、副院长王小烈与亿阳集团股份有限公司董事长邓伟分别代表双方在战略合作协议上签字。地科院副院长董树文、吴珍汉，亿阳集团总裁助理李兆伟、亿阳矿业董事长梁再森、高级顾问章安生、总裁助理赵更书，院办公室、科技处、实验管理处、尾矿利用中心、全球矿产资源战略中心等部门负责人出席签约仪式。根据协议，双方将在尾矿资源综合利用、全球矿产资源获取、矿产勘查技术方法等领域建立长期稳定的合作关系，加大协同创新力度，搭建产学研用平台，通过整合人才、技术、资本、信息等资源，开展应用技术研发，推动科技成果转化。

2014 年 1 月 15 日，中国地质科学院和中国地质大学 (武汉) 在北京签署了联合研发引进多功能 5000 吨大压机的合作协议。中国地质大学 (武汉) 万清祥副校长、中国科学院院士金振民、地质过程与矿产资源国家重点实验室副主任赵来时、深部物质研究专家王超，中国地质科学院党委书记、副院长王小烈，董树文副院长，吴珍汉副院长和相关处室负责人出席了协议签署仪式。长期以来，双方一直保持着紧密合作关系。此次联合设计和研制多功能 5000 吨大压机、共同建设国际一流的地球深部物质高温高压实验室，可以充分发挥"科教战略联盟"的协同创新与集成创新优势，在模拟地壳和上地幔岩石环境与地质过程、深源地震、成矿机理、能源开发和新型材料研发等方面取得突破性成果。

2014 年 5 月 9 日，中国地质科学院、中国科学院古脊椎动物研究所、甘肃省临夏回族自治州古动物化石保护开发与研究工作三方合作协议签约仪式在京举行。中国科学院邱占祥院士、周忠和院士，中国地质科学院王瑞江副院长、吴珍汉副院长、地质所高锦曦副所长等相关领导专家出席了签约仪式。签约仪式由甘肃省临夏州副州长王建华主持。三方同意设立临夏盆地古动物化石保护与研究科学指导委员会，中

中国地质科学院与亿阳集团股份有限公司签订战略合作协议

中国地质科学院与亿阳集团股份有限公司合作座谈会

中国地质科学院和中国地质大学（武汉）签署联合研发引进多功能大压机合作协议

签署古动物化石保护开发与研究工作三方合作协议

中国地质科学院与西南能矿集团股份有限公司在贵阳签订战略合作框架协议

科院周忠和院士任委员会主任,董树文副院长任委员会副主任。根据协议,中国地质科学院将积极组织本单位研究人员,在临夏盆地基础地质学领域开展研究工作,推动临夏和政古动物化石的研究和保护。

2014年5月26日,中国地质科学院与西南能矿集团股份有限公司在贵阳签订了战略合作框架协议。在贵州矿产资源大型招商引资推介会暨签约仪式上,王小烈书记与西南能矿集团总经理赵震海分别代表双方签署了《科技战略合作框架协议》。协议签订前,中国地质调查局党组成员、地科院党委书记、副院长王小烈,副院长吴珍汉一行与西南能矿集团进行了座谈。王小烈书记、李在文董事长分别介绍了各自优势,双方将在地质找矿和资源综合利用、科技创新平台建设、科技成果转化等领域建立长期稳定的合作关系。

2014年7月7日,中国地质科学院与西南能矿集团股份有限公司在京签订了联合共建院士工作站和博士后工作站协议。中国地质调查局党组成员、院党委书记、副院长王小烈,院常务副院长、党委副书记朱立新,副院长吴珍汉,肖序常院士、陈毓川院士、毛景文副所长,西南能矿集团董事长李在文,副董事长、总经理赵震海以及双方有关部门负责人出席了签约仪式。签约仪式前,双方进行了座谈。此项工作旨在落实双方《科技战略合作框架协议》,搭建产学研用结合平台、培养企业高层次人才、服务贵州经济社会可持续发展的重要举措。

深部探测专项学术年会召开并首次发布数据共享草案

2014 年 10 月 20~23 日，在"中国地球科学联合学术年会"期间，深部探测专项组织召开了年度成果汇报交流会（以下简称专项学术年会），来自专项 9 个项目 49 个课题近 200 名科学家和研究生参加了此次专项学术年会。此外，参加中国地球科学联合学术年会的上千名科学家中也有相当一部分专家、学生以及《中国科学新闻》、《瞭望东方周刊》、《科学时报》、中国科学出版社等媒体记者对专项学术年会给予了高度关注。

专项学术年会成功组织了以下形式的成果交流：

主会场：由专项负责人和 8 个项目负责人汇报了深部探测最新进展。专项负责人董树文研究员作总报告——"深部探测：揭示地壳结构、深部过程与成矿成灾背景"，高度概括并介绍了深部探测专项在巨厚地壳深地震反射剖面探测技术、深地震反射/折射联合探测技术、地气团中纳米级金属微粒的发现、化学地球软件的研制、矿集区"透明化"技术集成、新型压磁应力检测系统研制、大型地球动力学数值模拟平台构建、关键探测仪器与重大装备自主研制这八个方面的重要技术进展和突破；在青藏高原、四川盆地、西秦岭、松辽盆地、华南雪峰山、鄂尔多斯等工作区对岩石圈结构的精细探测、揭示以及取得的一系列重大科学发现；深部探测专项在结合深部找矿、地壳活动监测与模拟等方面的实验、成果以及所产生的资源环境效应。此外，简短简介了深部探测专项在国内外的学术交流情况和

专项负责人董树文研究员作总报告

业内外反响，提出了下一步地壳探测工程的总体设想。专项其他8个项目负责人魏文博、高锐、吕庆田、杨经绥、石耀霖、黄大年等研究员则分别从大陆电磁参数标准网建设、深部立体探测技术与方法集成、深部矿产资源立体探测体系、全国地球化学基准网建设、大陆科学钻探选址与实验、重要地区地应力监测、深部探测关键仪器准备研制与实验等方面进行了相应成果汇报。主持该专项大会报告的是专项专家委员会副主任孙枢院士，参与讨论和点评的专家还有汪集旸、金振民、殷鸿福、莫宣学、肖序常、任纪舜、钟大赉、滕吉文、郑永飞、朱日祥等院士、TIGER深部探测计划首席科学家Francis.Wu教授等教授和有关专家，项目参加人员和青年学生共计220余人。

专题会场：学术年会组织了5场专题报告会：地壳精细结构探测；科学钻探与地球化学基准；矿集区立体探测；地应力测量与动力学模拟；探测仪器与装备。共计安排了86个口头报告、45个张贴报告，约250人参加。

分会场

展览平台：深部探测专项使用了4个展区，分专项历程、数字专项成果、深部专项与世界同行、科普工作、深部专项重要技术突破与重大科学发现五个部分集中展示了深部专项研究、管理等各项工作的亮点，展出内容面积达38平米，吸引了众多参加专题讨论会的学者驻足阅览和留影。

观看展览的参会者络绎不绝

深部专项展览

发布数据共享方案: 深部探测专项自 2008 年底实施以来, 已获得海量的固体地球物性和地球化学基础数据, 数据总采集量达到 20TB。在国土资源部、财政部、科技部领导下, 从专项实施之初就制定了相关数据汇交、验收规范与流程。藉地球科学联合大会平台, 专项负责人董树文研究员向业界发布了数据共享方案: (1) 近期计划: 国土资源部决定 2014 年底提前释放第一批探测数据, 供地学界共享。(2) 试行的数据共享办法: 针对核心会员、普通会员、学生会员、国际会员制定了不同的共享权利与数据使用原则; 对涉密数据的管理、数据共享平台建设、使用、公众监督与服务、数据使用标注进行了详细说明。会上宣布了 2014 年底第一批深部探测专项共享数据目录, 在业界引起良好反响, 众多的科研机构、高等院校和研究生, 甚至大型企业的代表纷纷要求索取数据共享的详细材料, 显示出对深部探测数据的强大需求和期待。

盐湖资源与环境重点实验室郑绵平院士与孩
子们合影

专家作科普讲座

小朋友们观看标本

现场科普互动

中国地质科学院开展第 45 个"世界地球日"系列活动

2014 年 4 月 22 日，是第 45 个"世界地球日"，主题是："珍惜地球资源 转变发展方式 —— 节约集约利用国土资源共同保护自然生态空间"。当天中国地质科学院所属国家、部、局、院级重点实验室和深部探测研究中心向社会开放。 董树文副院长一大早就在中国地质科学院北门欢迎了展览路小学"李四光中队"少先队员们，并与小朋友们合影。小朋友们参观了盐湖资源与环境重点实验室。实验室的孔凡晶研究员作科普讲座并耐心解答了孩子们的问题。院属各单位和科普基地也分别开展了形式多样的科普活动。

前来参观的师生与中国地质科学院工作人员合影

中国地质科学院举行"中国梦、地质梦、青春梦"主题演讲比赛

2014 年 5 月 4 日，中国地质科学院"中国梦、地质梦、青春梦"主题演讲比赛在京举行，来自院属京区单位的 13 位青年紧扣主题，围绕岗位职责和成长经历，抒发了奋发有为、岗位建功的青春情怀，表达了为地质科技事业贡献智慧和力量的决心，展现了青春的激情和风采。

院党委书记、副院长王小烈向地质科技系统的青年朋友们致以节日问候，并殷切寄语。他强调，当前的形势给广大青年提供了施展才华、建功立业、实现梦想的广阔舞台，也对青年提出了新的更高要求。希望地质科技系统广大青年自觉争当"中国梦"的践行者，胸怀理想、珍惜岗位、刻苦钻研、勇于担当，在推动地质科技事业改革发展的进程中书写别样的青春风采。各级党团组织要高度重视和支持青年工作，更好地引领青年成长成才。

经过激烈角逐，来自院机关的司徒瑜获一等奖，来自力学所的张超越、物探所的薄玮获二等奖，来自院机关的鄢烈谋和王姗、测试中心的秦婧获三等奖，来自地质所的柳萌等 7 名同志获优秀奖。

院党委书记王小烈为一等奖获得者颁奖

常务副院长朱立新为二等奖获得者颁奖

院属单位领导为三等奖获得者颁奖

院属单位领导为优秀奖获得者颁奖

比赛现场

11 年度发表论著及出版期刊

2014 年全院发表学术论文 1117 篇，同比增长 16.6%，其中第一作者 SCI 检索论文 371 篇（同比增长 64.89%）、EI 检索论文 114 篇。出版专著 25 部。

中国地质科学院（院属单位）和中国地质学会（办事机构挂靠中国地质科学院）主办 10 种学术期刊，包括《地质学报（英文版）》（SCI 检索刊物）、《地球学报》（EI 检索刊物），《地质学报（中文版）》、《矿床地质》、《地质论评》、《中国岩溶》、《岩矿测试》（CA 收录刊物），《岩石矿物学报》、《地质力学学报》（中文核心期刊）、《地下水科学与工程》（英文版）。

2014 年，中国地学期刊网（http://www.geojournals.cn）使用效果显著。目前是国内地学界唯一的容纳期刊最多的网站。同时，该网站还吸引了大批的海外读者，网站统计显示海外访客来自于美国、加拿大、德国、澳大利亚、日本、蒙古等十余个国家，网站海外显示度日益增加，突破了新语障。

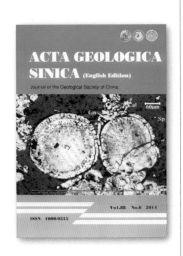

《地质学报（英文版）》（ACTA GEOLOGICA SINICA（English Edition））：由中国地质学会主办，创刊于 1922 年，原名《中国地质学会志》，是我国历史最悠久的科技期刊之一。现为双月刊，刊物多次获得科技部、中宣部和新闻出版总署的表彰，入选 2001 年中国科技期刊方阵，自 2006 ~ 2014 年连续获中国科协 A 类精品期刊工程资助。近年来，刊物在国际化的进程中步伐大大加快。连续被美国科技情报研究所的《科学引文索引》（SCI、CA）等十多家著名文摘或数据库选为源期刊。2010 ~ 2011 年本刊继续得到国家自然科学基金委员会"重点学术期刊专项基金"资助。2012 年荣获中国科协、财政部"优秀国际科技期刊一等奖"，"中国最具国际影响力的学术期刊"称号；2013 年荣获国家新闻出版广电总局"百强报刊"称号。

2013 年《地质学报（英文版）》在 JCR 中，影响因子为 1.406，引文频次为 2358 次。登载的论文水平，基本上与国际刊物的论文水平接轨。2014 年地质学报（英文版）共出版 6 期，1936 页；收稿总数 413 篇，刊发论文总数 132 篇，

NEWS12 篇；刊发各类基金论文比 92%，海外论文比 31%。全年共发表国外论文 41 篇，这些论文主要来自澳大利亚、日本、印度、巴基斯坦、伊朗、土耳其等国，扩大了刊物的国际影响。本刊还登载一批在国际地学界处于前缘领域的我国科技人员的研究成果，向世界展示了我国地质科研的重大突破，其中追踪学科热点组稿 22 篇。2014 年地质学报（英文版）荣获的"中国科技期刊国际影响力提升计划项目"顺利结题。2014 年被北京市印刷工业产品质量监督检验站评为优等印刷品。这些是刊物长期以来重视科技期刊国际化建设的结果，也标志着刊物质量水平达到了一个新的高度。

网址：

国内：http://www.geojournals.cn/dzxbcn/ch/index.aspx

国外：http://onlinelibrary.wiley.com/doi/10.1111/acgs.2014.88.issue-5/issuetoc

《地质学报（中文版）》（ ACTA GEOLOGICA SINICA ）：由中国地质学会主办，其前身为《中国地质学会志》，是中国最早的科技期刊之一。它以反映中国地质学界在地质科学的理论研究、基础研究和基本地质问题方面的最新、最重要成果为主要任务，兼及新的方法和技术。《地质学报（中文版）》现为月刊。该刊多次获得科技部、中宣部和新闻出版总署的表彰，入选 2001 年中国科技期刊方阵，2005 年获国家期刊奖，2012 年荣获中国最具国际影响力学术刊物称号。2006 ~ 2014 年连续赢得中国科协 B 类精品期刊工程资助，是国内外多家文摘或数据库的源期刊，在中国科技情报研究所的统计中影响因子、总被引频次等指标一直名列前茅。

2014 年发表论文 160 篇，共 2600 页，基金论文比达 98%，其中超过半数为重大科研项目（如国家"973"项目或国家自然科学基金项目）支持的成果，为展示国家科技成果提供了广阔的舞台；出版两期专辑，为"深部探测专辑"与"陈毓川院士 80 华诞暨从事地质工作 60 周年纪念文集"，为学科发展提供了动力。2013 年核心影响因子为 1.770，总被引频次为 4430 次，综合评价总分 74.3，影响因子、总被引频次及综合评价总分在地质科学类排名分别为第 4 位、第 2 位和第 2 位。《地质学报（中文版）》一直常年吸引着众多作者投稿，投稿量居高不下，退稿率颇高，表明本刊有良好的论文来源，吸引了广大的读者。

网址：http://www.geojournals.cn/dzxb/ch/index.aspx

《地质论评》（ GEOLOGICAL REVIEW ）：由中国地质学会主办，创刊于1936 年，一直以爱国、争鸣为办刊宗旨。刊头图案，缺右上残左下，为创刊之

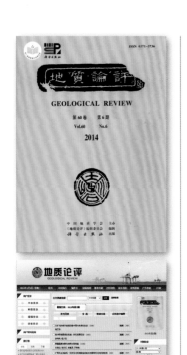

时东北遭侵吞，西南被蚕食，一直沿用至今，表达了我国地质学家的忧国爱国之情。《地质论评》现为双月刊，以论、评、述、报为特色。

《地质论评》是中文核心期刊，曾获得科技部、新闻出版总署、中国科协的国家期刊奖、优秀科技期刊奖、双奖期刊称号，被国内外众多检索系统收录。在中国科技情报研究所的"中国科技期刊论文统计分析"中，其影响因子、总被引频次等指标多年来均位居前列；2005 年获国家期刊奖提名奖；2006 年入选中国科学技术协会精品科技期刊工程；2009 年被中国科学技术信息研究所评为中国百种杰出学术期刊，2012 年荣获中国最具国际影响力学术刊物称号。2014 年发表论文 130 余篇，通讯资料和消息报道 10 多篇。据中国科技情报研究所统计，2013 年《地质论评》的影响因子为 1.112，总被引频次 2407，综合评价总分 56.9，综合评价总分在地质学类期刊中排名第 4。

网址：http://www.geojournals.cn/georev/ch/index.aspx

《地球学报》（ACTA GEOSCIENTICA SINICA）：是中国地质科学院主办，由科学出版社出版的双月学术期刊。《地球学报》是中国科技核心期刊、全国自然科学核心期刊、全国中文核心期刊、中国科技论文统计源期刊、中国科技期刊精品数据库收录期刊、中国科学引文数据库核心库来源期刊、首批"中国精品科技期刊"，进入 SCI 总被引频次 100 以上中国期刊排行榜。2013 年成为 EI 来源期刊。2012 年起连续三年荣膺"中国最具国际影响力学术期刊"称号。2013 年，《地球学报》核心总被引频次 1740 次；核心影响因子 1.263，在全国 1989 种核心期刊中影响因子排名第 87 位。

《地球学报》作为中国地质科学院树立其学术形象的重要窗口，力图充分展示院综合学术水平和科研竞争实力，2014 年刊载"中国地质科学院 2013 年度十大科技进展"全文 10 篇，同时刊载以"十大科技进展"为主线的封面照片和封面故事。全年共出版正刊 6 期，刊载论文 95 篇，报道各类信息快报 25 篇，共 782 页。《地球学报》同时发布网络电子版，在编辑部网站上实时提供免费全文浏览下载。

网址：http://www.cagsbulletin.com

《矿床地质》（MINERAL DEPOSITS）：创刊于 1982 年，双月刊，由中国地质学会矿床地质专业委员会和中国地质科学院矿产资源研究所主办，是中国唯一报道矿床学最新研究成果的期刊，内容包括矿床地质特征及与矿床有关的岩石学、矿物学、地球化学研究成果和科学实验成果及新技术、新方法。被

《Chemical Abstracts》、《CSA Technology Research Database》、《Реферативный журнал》(俄罗斯文摘杂志)、《中国期刊全文数据库》(CNKI)、《中国科学引文数据库》(CSCD)、《中文科技期刊全文数据库》、《数字化期刊 — 期刊论文库》、《数字化期刊 — 期刊引文库》、《中国地质文摘》、《全国报刊索引 — 自然科学技术版》、《有色金属文摘》和《中国学术期刊文摘》等检索期刊及数据库收录。

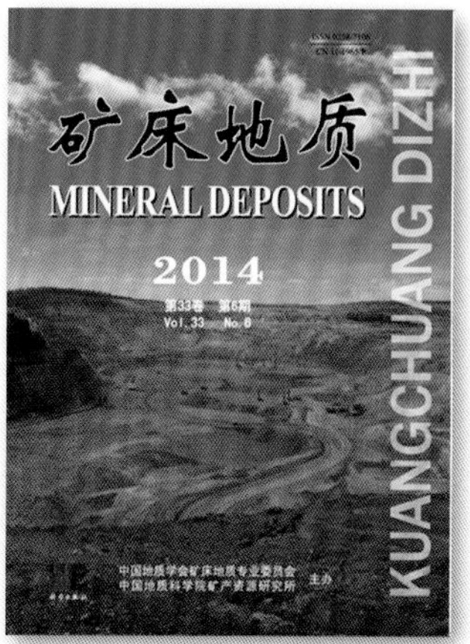

2014 年《矿床地质》刊出 96 篇，并始终保持基金项目的较高比例。2013 年影响因子为 1.551，位居地学类期刊第 5 名，全国 1989 种核心期刊中影响因子排名第 43 位，总被引频次 2423 次。《矿床地质》再次荣获“2014 中国最具国际影响力学术期刊”和“中国精品科技期刊”称号，编辑部参与了“领跑者 5000 —— 中国精品科技期刊顶尖论文”项目，根据中国科技论文引文数据库(CSTPCD)单篇文章定量评估与同行评议或期刊推荐相结合的方法，有 2 篇发表在《矿床地质》2013 年的论文获得提名。2014 年《矿床地质》编辑部网站点击率近六百万次。

网址：http://www.kcdz.ac.cn/ch/index.aspx

《岩石矿物学杂志》(ACTA PETROLOGICA ET MINERALOGICA)：由中国地质学会岩石学专业委员会、矿物学专业委员会、中国地质科学院地质研究所联合主办的学术性期刊，创刊于 1982 年。2005 年起改为双月刊。《岩石矿物学杂志》主要报道岩石学、矿物学各分支学科及有关边缘交叉学科的基础理论和应用研究成果，创造性和综合性研究成果，岩石和矿物鉴定的新方法、新技术和新仪器以及与有关的最新地质科技信息。《岩石矿物学杂志》是国内外多家检索系统和文摘的源期刊，被国内的《全国报刊索引数据库》(自然科学技术版)、《中国地质文献数据库》、《中国地质文摘》、《中国地质文摘》(英文版)、《中国化学化工文摘》、中国科技论文统计与引文分析数据库(CSTPC)、中国科学引文数据库(CSCD)、《中国学术期刊综合评价数据库》、《中文科技期刊数据库》(重庆维普)、台湾中文电子期刊思博网和国际的 AJ、BIG、CA、GEOREF、CSA 等收录。

2014 年共发表论文 98 篇，1170 页。网站点击率已过 253 万次，在地学类学术期刊中受关注程度较高。2013 年影响因子 0.995，总被引频次 1157，他引率达 0.92，在同专业领域期刊中排名较前。再次入选“2014 中国最具国际影响力学术期刊”，并且各项指标较 2013 年均有所提升。

网址：http:// www.yskw.ac.cn/ch/index.aspx

《岩矿测试》(ROCK AND MINERAL ANALYSIS)：1982 年创刊，由中国

地质学会岩矿测试专业技术委员会和国家地质实验测试中心共同主办，是中国唯一的地质分析测试专业杂志，所载内容反映了中国地质物料分析测试的水平。凡是正在进行的科技部重大专项、国家自然科学基金项目、国土资源公益性行业科研专项，地调项目等均在发表之列。

论文的内容质量是提高刊物核心竞争力的根本，主编和专家的支持是提升刊物学术质量的要素，编辑的专业能力是提高刊物内容质量的关键。2014 年本刊文章选题有导向性和启发性，内容充满质感，富含思辨性、论述性、借鉴性。刊物的学术参考价值、整体质量和核心竞争力有所提升。"国际 SCI 期刊导航"针对重点国际地学和化学 SCI 期刊的发展方向、学术标准，为青年作者提供了最新的、实用的投稿指导。针对我国作者的薄弱点和本刊报道的主题，2014 年举办了两期作者培训班。调整办刊工作思路，聚焦现代各类分析测试技术的研究成果和重要创新，进一步凸显办刊定位，增长在文献领域的学术地位。

2014 年发表论文 135 篇，共 908 页。网站访问量超过 42 万次。2013 年的影响因子为 0.661，总被引频次为 1215 次。

网址：www.ykcs.ac.cn/ykcs/ch/index.aspx

《中国岩溶》(CARSOLOGICA SINICA)：创办于 1982 年，季刊，由中国地质科学院岩溶地质研究所主办，联合国教科文组织国际岩溶研究中心、中国地质学会岩溶专业委员会、中国地质学会洞穴专业委员会协办的我国唯一公开出版的岩溶学术刊物，曾多次被评为广西优秀期刊、中国期刊方"双效期刊"、中国科技核心期刊、全国中文核心期刊(1992，2004 年版)，并被美国化学文摘(CA)、美国地质文献数据库(GeoRef)、美国剑桥科学文摘 (CSA)、日本科学技术振兴机构数据库 (JST)、波兰哥白尼索引 (IC)、美国乌利希国际期刊指南 (UIPD)、及美国汤姆森 Gale 数据库、美国国会图书馆等国际著名的文献检索数据库及国内的中国科学引文数据库 (CSCD)、中国科技论文与索引数据库 (CSTPCD)、中国学术期刊全文数据库 (CJFD) 等收录。

2014 年《中国岩溶》共出版 4 期，刊出论文 64 篇 (514 页)，内容多为当前岩溶地区经济社会建设所关注或遇到的热点、难点问题，学术性强，应用价值大。2013 年的核心总被引频次 671 次，核心影响因子 0.570。

网址：http://zgyr.karst.ac.cn/ch/index.aspx

《地质力学学报》(JOURNAL OF GEOMECHANICS)：由中国地质科院地质力学研究所主办，创刊于 1995 年，以"弘扬李四光学术思想，求实、创新、发展"为办刊宗旨，是反映地质力学领域科研成果的对外窗口。主要报道地壳运动与大陆地质构造及其动力机制等方面的前沿动态和基础理论研究成果，同时关注矿产资源勘查、地质灾害调查与防治、环境变迁规律等方面的应用科研成果。《地质力学学报》是中国科技论文统计源期刊，中国学术期刊综合评价数据来源期刊，中国科技论文引文数据库的来源期刊，CNKI 中国知识基础设施工程中国学术期刊综合评价数据库 (CAJCED) 统计源期刊；是"万方数据 —— 数字化期刊群"全文上网期刊，被《中文科技期刊数据库》、《中国核心期刊 (遴选) 数据库》和 CNKI 中国知识基础设施工程中国期刊全文数据库 (CJFD) 全文收录。2014 年发表论文 46 篇，共 474 页。《地质力学学报》同时发布网络电子版，在编辑部网站上实时提供全文浏览下载。刊物的引用率和影响力逐年提高，2013 年的影响因子为 0.788，总被引频次为 451 次。

网址：http://journal.geomech.ac.cn/ch/index.aspx

《地下水科学与工程》(英文版)（ Journal of Groundwater Science and Engineering ）：是中国地质科学院水文地质环境地质研究所主办的自然科学综合性学术刊物，于 2013 年 4 月创刊，英文季刊。刊登水文地质、环境地质、地下水资源、农业与地下水、地下水资源与生态、地下水与地质环境、地下水循环、地下水污染、地下水开发利用、水文地质标准方法、地下水信息科学、气候变化与地下水等学科领域的优质稿件。2014 年发表论文 48 篇，共 404 页，并入选世界著名地学数据库《GeoRef 数据库》，这标志着我国水文地质科学的研究水平得到国际同行的认可。

网址：http://gwse.iheg.org.cn。

（注：期刊影响因子根据 2014 年中国科学技术信息研究所发布的中国科技期刊引证报告，SCI 数据库等）

中国地质科学院

地址：北京市西城区百万庄大街 26 号

邮编：100037

网址：http:///www.cags.ac.cn

联系电话：010-68335853

传真：010-68310894